Data Science Practical Text

データサイエンス実践テキスト

[共著] 山本昇志・下川原英理
齋藤純一・真志取秀人

●本書の補足情報・正誤表を公開する場合があります．当社 Web サイト（下記）で本書を検索し，書籍ページをご確認ください．

https://www.morikita.co.jp/

●本書の内容に関するご質問は下記のメールアドレスまでお願いします．なお，電話でのご質問には応じかねますので，あらかじめご了承ください．

editor@morikita.co.jp

●本書により得られた情報の使用から生じるいかなる損害についても，当社および本書の著者は責任を負わないものとします．

JCOPY 〈(一社)出版者著作権管理機構 委託出版物〉
本書の無断複製は，著作権法上での例外を除き禁じられています．複製される場合は，そのつど事前に上記機構（電話 03-5244-5088，FAX 03-5244-5089，e-mail: info@jcopy.or.jp）の許諾を得てください．

••• まえがき •••

「風が吹けば桶屋が儲かる」とは日本の有名なことわざですが、現代では「人・モノが動けばビジネスチャンスが生まれる」と言い換えることができます。さらに、このことわざに補完的な解釈を付け加えると、「人・モノの動きでデータが生まれ、そのデータを分析することが商売につながる」となり、より現代的な格言のように思えます。

2019 年に日本政府が打ち出した AI 戦略に基づき、高等教育機関では「数理・データサイエンス・AI 教育プログラム認定制度」に沿った授業が実施されるようになりました（筆者の所属する東京都立産業技術高等専門学校もこの制度のリテラシーレベルの認定を受けており、本書はそのモデルカリキュラムに準拠した内容です）。これは来るべきデジタル社会に向けて、国民全員が数理的にデータ処理や AI を扱えるようになることを目的としています。高等学校で「情報」科目が必修になったことからも、このようなスキルの重要性をうかがい知ることができると思います。

この「数理・データサイエンス・AI 教育プログラム認定制度」では習熟のレベルに合わせて複数の段階が設定されていますが、まずはリテラシーレベルの学習が必須であるとされています。その内容は Society 5.0 に移行する社会の変化に伴い、データ倫理やデータの利活用（読む、説明する、扱う）、そしてプログラミングといった非常に広い範囲に及んでいます。また、学生の専攻を問わず全員が習得する必要があるので、各高等教育機関ではそれぞれの特色に合わせて多様な教育が実施されています。

そのような中、私たちは理系技術者を育てる立場から、本書を執筆しました。私たちは日頃から、自然科学の知見を応用して社会を進歩させるための実学を教えており、それらの内容を修得した学生を世の中に多く輩出しています。そのような学生たちに期待していることは「社会に出たときに実践的に使える知識・技術を習得すること」です。そのため、リテラシーレベルの教育でも、統計処理、プログラミングの実装などに重きを置くべきだと考えています（理系技術者にも倫理や社会的規範は重要なので、もちろんそれらも教育します）。データサイエンスを通じて、さらなる価値を創造し、「データを分析することがビジネスにつながる」という現代の格言を、身をもって学んでほしいと思っています。

よって本書は、世の中で出版されているデータサイエンス分野の教科書とは少し異なり、手を動かしながら学ぶ内容が中心です。これは、実践的な能力が求められ

i

ている技術者にマッチしている内容であるとともに、すでに社会に出た方々も日頃の業務を通じて実践できる内容です。本書が皆さんの御力になれば幸いです。

　なお、本書のサポートサイトにて、学習に必要な各種データやサンプルファイルを提供しています。以下の URL にアクセスして、活用してみてください。

https://github.com/DsTMCIT/DS

　Excel ファイルはマイクロソフト社の Excel 2022 で作成していますが、バージョンに依存する関数は使用しないようにしているので、ほかのバージョンでも動作します。

　Python ファイルは、グーグル社の Google Colaboratory 上で動作するものを掲載しています。ご自身のパソコンで実行させる方法については、ほかの書籍などを参考にしてください。なお、2024 年 10 月時点での Google Colaboratory の Python のバージョンは 3.10.12 です。

2024 年 10 月

著者代表　山本昇志

••• 目次 •••

● 第 1 章　データ・AI の利用／活用

1.1	Society 5.0	1
1.2	ビッグデータとデータサイエンス	2
1.3	データサイエンスの実施サイクル	3
1.4	データサイエンスと AI の関係	4
1.5	AI 技術の進歩	5
1.6	生成 AI	7
1.7	データサイエンスの活用分野	8

● 第 2 章　データや AI を扱ううえでの倫理

2.1	データや AI における倫理	10
2.2	AI 活用 7 原則	11
2.3	開発者の倫理的・法的・社会的課題	12
2.4	AI の危険性	13
2.5	データの透明性・アカウンタビリティ	15
2.6	データバイアス	17

● 第 3 章　データの正しい扱い方

3.1	情報セキュリティ	20
3.2	セキュリティ事故の例	22
3.3	データの秘匿化	23
3.4	データの分析の結果を正しく判断するには	26

● 第 4 章　データの特徴を知る：統計の基礎

4.1	データサイエンスにおける統計学の役割	30
4.2	基本統計量①：代表値	31
4.3	基本統計量②：散布度	34
4.4	記述統計の基礎	36
4.5	推測統計の基礎	40

● 第 5 章　データの頻度を知る：確率の基礎

5.1	試行と事象	42
5.2	順列と組合せ	44
5.3	確率を求める	47

iii

5.4	加法定理	50
5.5	乗法定理	52
5.6	条件付き確率	56
5.7	条件付き確率とデータサイエンスの関係	59

● 第 6 章　Excel によるデータ処理と簡単な分析

6.1	データの種類と分析処理の手順	61
6.2	データの読み込み	64
6.3	データの整理	65
6.4	データの加工	68
6.5	データの保存	72
6.6	データの簡単な分析	74

● 第 7 章　Python によるプログラミング

7.1	Python について	82
7.2	プログラミングの基礎①：数の扱い	86
7.3	プログラミングの基礎②：プログラムの作成	88
7.4	アルゴリズム入門	91

● 第 8 章　Python による簡単なデータ分析と可視化

8.1	データサイエンスにおける Python の利用	99
8.2	簡単なデータ分析	100
8.3	グラフの作成	106

● 第 9 章　Python による一歩進んだデータ分析

9.1	外れ値を除去する	110
9.2	二つのデータ間の関係を探る	119

● 第 10 章　データサイエンスの実施に向けて

10.1	オープンデータの利用	127
10.2	データ分析が終わったら	131

解答例	136
索引	153

第1章 データ・AIの利用／活用

現代社会において、データはかつてないほどの重要性をもち、私たちの日常生活やビジネス、さらには政策決定にまで影響を及ぼしています。この章では、これらのデータが具体的にどのような変革をもたらすのかについて、ビッグデータ、データサイエンス、AIをキーワードに説明します。

この章で学ぶこと
- ☑ データサイエンスの重要性
- ☑ データサイエンスの実施サイクル
- ☑ データサイエンスとAIの関連

事前に調べること
- ☑ Society 4.0 と 5.0 の違いは？
- ☑ 身近なビッグデータには何がありますか？
- ☑ AIとは何の略ですか？

1.1 Society 5.0

近年はどんな人でもインターネットに接続するだけで、さまざまな情報を入手したり、ショッピングサイトで世界中の商品を簡単に購入したりすることができます。このような情報社会（Society 4.0、図1.1）で生活は便利になりましたが、一方でインターネット上には情報があふれ、有効活用できていない場合もたくさんあります。たとえば、地方で過疎化が進んでいる様子は国勢調査の結果から明らかではありますが、その情報だけでは不便な生活を送らざるを得ない人たちを助けることは

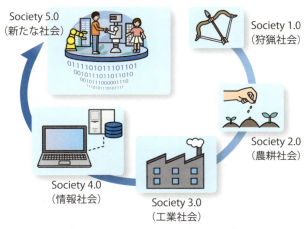

▲図1.1　Society 5.0 までの過程

1

できません。また、こども家庭庁が発行しているこども白書からは、子育て支援が必要な人たちの状況は把握できますが、さまざまな子育てサービスの実現には、お金や働く人の確保など、現在でも多くの問題があります。

　このような問題を具体的に解決するために、日本ではさらなる情報戦略（**Society 5.0** の実現）が進み始めています。Society 5.0 は、**IoT**（Internet of Things）ですべての人とモノがつながり、情報が役立つ世界のことです。Society 5.0 が実現することでたとえば過疎地域には無人航空機による物流サービスを提供したり、子育て支援では遠隔で相談ができる AI システムを導入したりすることができます（図1.2）。

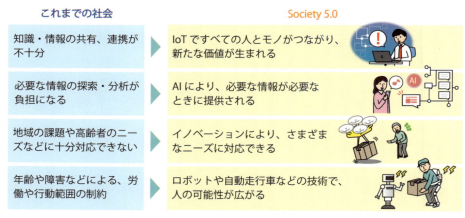

▲図 1.2　Society 5.0 の実現で達成されること

　また、コンピュータを中心とした情報システムは Society 5.0 を実現するのに必要不可欠な技術です。最適な経路を探索したり、利用者が求めている情報を多くの知識から推薦したりする能力はさまざまな課題を解決してくれるでしょう。このように、私たちは IoT や情報システムなどの新たな技術を身につけて、社会を変革していかなければなりません。

1.2　ビッグデータとデータサイエンス

　Society 5.0 ではモノの流れだけでなく、人間の行動や好みなども含めた膨大な情報を分析・処理することが求められます。これらの情報は**ビッグデータ**（big data）とよばれ、日頃、私たちが活動をすることで自動的に集められています（図

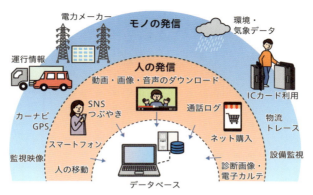

▲図 1.3　ビッグデータの主な情報源

1.3)。たとえば私たちが電車を使うとき、改札を通過した情報は私たちが意識していないところで集められ、その日の乗車人数としてカウントされています。JR東日本の上野駅だけでも、1日の平均で約14万8千人が乗り降りしているようです。このような情報に隠されている「利用可能な価値」を統計やデータ分析で明らかにすることが**データサイエンス**（data science）です。たとえば、時刻ごとの乗降客数が明らかになると、駅の規模、構内施設や駅員の配置などを効率よく計画することができます。

　このビッグデータには、ICカードID、改札通過時刻、乗降駅名、利用料金などのさまざまな種類が含まれており、その保存形式もさまざまなので、そのままでは役立つ情報を得ることが困難です（このようなデータを、非構造化データまたは非定型的データとよびます）。さらに、このようなデータは日々大量に生み出されており、多くの場合、時間とともに変化します。いままでは整理されずに見過ごされてきたこのようなデータを分析することで、ビジネスや社会に役立つ情報が得られたり、これまでにないような新たな仕組みやサービスが生み出せたりする可能性があるのではないかと注目されています。

1.3　データサイエンスの実施サイクル

　データサイエンスでは、①問題解決のための課題の設定、②調査方法の計画、③データ収集、④データの分析、⑤分析結果から知見を導出する、というサイクルを繰り返します（図1.4）。新たな知見が見つかった⑤の段階で、①で設定した課題がど

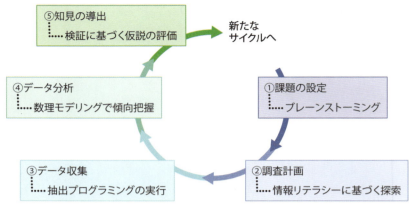

▲図 1.4　データサイエンスの実施サイクル

の程度改善したかを評価して、次の課題を設定し、新たなサイクルにつなげていきます。データサイエンスではこのサイクルを、「何のために行っているか」という視点を関係者で共有しながら繰り返していくことが重要とされています。また、途中で現れたさまざまな知見を否定せずに、公正な視点で分析を進めていくことが大切です。

練習問題 1-1

グループで身近な問題を取り上げ、その解決策を導出するための実施サイクル（図 1.4 の②〜④）を検討してみましょう。たとえば、家庭の電気料金を下げる、道路の渋滞を防ぐ、熱中症を予防するといった日頃の課題には、どのような計画を実行すればよいでしょうか。

1.4　データサイエンスと AI の関係

ビッグデータとして集められる情報をもとに、人間と同じような知的な活動をコンピュータで行うプログラム＝**人工知能**（Artificial Intelligence、AI）の開発が急速に進歩してきました。コンピュータは私たち人間とは違って、疲れたり、飽きたり、判断にムラが生じたりすることはありません。また、数学に基づくモデルや処理

する方法を取り入れて、私たちにとって役立つデータのみを抜き出すことができま

す。このため、AI の力を借りてデータの分類や分析（図 1.4 の④）、そして知見の導出（⑤）を行うことが、データサイエンスの基本的な取り組みとなります。

　一言に AI といっても、その定義や解釈はさまざまです。ロボットや自動車に組み込まれて、状態に合わせて最適な動作を実行する汎用型から、天気予報や感染症の拡大予測を行うための特化型までいろいろなものがあります。その中でも、**ニューラルネットワーク**（neural network）というアルゴリズムが 1950 年頃から注目され始めました。ニューラルネットワークは人間の脳細胞（ニューロン）のつながりを模した数学モデルで、複数の情報のつながりを接続経路（ネットワーク）として表現することができます（図 1.5）。人間には脳細胞が 1000 億個あるといわれており、それらは脳内で複雑につながり合っています。そしてその結合強度（つながりの強さ）は情報量や経験値によって変化するため、人間は取捨選択（分類）や集約（回帰）を行うことができます。そのため、そのつながりを人工的に再現し、それにビッグデータを入力すると、人間の脳と同じ処理・出力が得られます。

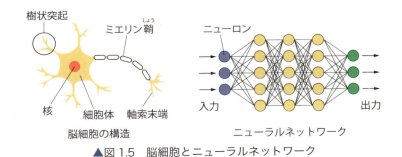

▲図 1.5　脳細胞とニューラルネットワーク

1.5　AI 技術の進歩

　ニューラルネットワークなどのように、コンピュータが学習に基づき、条件に一致した答えを算出してくれる技術を**機械学習**（machine learning）とよびます。文字どおり、複雑な式やアルゴリズムを機械（コンピュータ）が事例を学びながら自ら答えを導き出してくれたり、時には判断や予測などの高度な検討までしてくれたりします。たとえば最新の飲料の自動販売機の中には、顔画像と年齢の関係を学習して、購買者の年齢に基づいて飲料を推薦する機能を備えているものもあります（図 1.6）。

　しかし、ニューラルネットワークを用いた機械学習は 2000 年代初頭まではあま

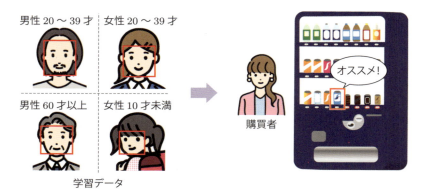

▲図 1.6　顔画像と年齢の関係を学習して飲料を推薦する自動販売機

り活用されてきませんでした。理由はネットワークの接続数が多すぎて、なかなか解が求まらないことでした。これに対して、2010年頃に、特徴量（注目すべきデータの特徴）を自動的に選択可能な**深層学習**（**ディープラーニング**、deep learning）という手法が発明され、一気に利用が広がりました。深層学習を実現するニューラルネットワークは図 1.7（b）のような構造をしています。図 1.7（a）の 2000 年代初頭のニューラルネットワークに比べると中間層の数が増えていますが、接続を集約したり、出力層から接続の強さを簡単に修正する工夫を加えたりすることにより、解を得ることができるようになりました。

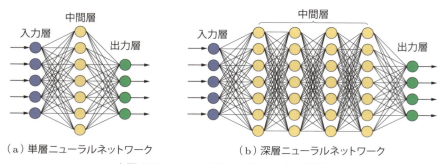

▲図 1.7　ニューラルネットワークの構造

　深層学習では、たとえば図 1.8 に示すように、人の全身画像のみから骨格情報を推定できます。この骨格情報はレントゲンで撮影したものと比較すると多少の誤差が含まれますが、動画から一連の動作を分析したり、腕や脚の関節の動作範囲を確認したりすることもできるので、スポーツの分野だけでなく、介護やリハビリ方法

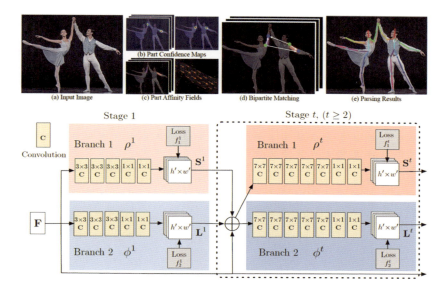

▲図 1.8 深層学習による人の骨格推定技術
[Z. Cao, et al., Realtime multi-person 2d pose estimation using part affinity fields, CVPR, 2017]

の分析にも役立ちます。このように、データサイエンスと AI は急速に発展していて、この時代にデータサイエンスを学ぶことができる皆さんは幸運だと思います。

1.6 生成 AI

深層学習の進歩は、いまや次のステップに進みつつあります。従来の深層学習がさまざまな学習を通して判断や分類のルールを作成したのに対して、近年ではそのルールやパターンをもとに新たなコンテンツを作る**生成 AI**（generative AI）が登場しました。最も有

名な生成 AI は ChatGPT で、指示に合わせた文章を作ることもできますし、生成した文章を、条件を付け加えて的確に仕上げることも可能です。将来、私たちが思いつかないようなアイデアを創出できるかもしれません。

しかしながら、生成 AI の利用については、以下のようなリスクも挙げられています。

1.6 生成 AI　　7

- **情報漏えい**（information leakage）：生成 AI も機械学習の一部ですから、賢くなるための情報が必要です。そのため、利用者が個人情報や機密情報を入力してしまうと、それらが流出してしまう恐れがあります。
- **情報操作**（information manipulation）：生成 AI は、学習次第で偽情報（フェイク情報）を作成可能です。これらの情報が、政治や世論操作などに使われる恐れがあります。
- **権利侵害**（infringement）：生成 AI は、優れた作品を学習することで模倣したコンテンツを作成可能です。これにより、著作権侵害などが危惧されます。

これらのリスクを回避するために、日頃から**情報リテラシー能力の向上**に努めなければなりません。具体的には、生成 AI の利用者は常に、入力した情報がほかの用途に使われないか、生成された結果が与える影響は何か、既存コンテンツの権利を侵害していないかといった確認をする必要があります。

「リスクがあるなら生成 AI は使わないほうがよいのでは？」といった意見もありますが、生成 AI は皆さんを単純作業から解放し、さらに**高度な知的作業に注力できるようにしてくれる便利な道具**でもあります。いまこそ、私たち人間とコンピュータが力を合わせて近未来を切り開いていく大切な変換点に来ていると考え、有効な活用方法を検討していきましょう。

練習問題 1-2

（1） 機械学習、深層学習、AI、生成 AI の関係を説明してみましょう。
（2） 生成 AI の使用ルールをどのように決めるべきなのか、話し合ってください。

1.7 データサイエンスの活用分野

前節までに述べてきた機械学習、深層学習、AI、生成 AI などの知識は、これまで主に理系の技術者が習得して、製品開発などに活用してきました。しかし、データサイエンスの普及に伴い、多くの人がこれらの技術を簡単に利用できる時代になりつつあります。またデータサイエンスは、製品開発だけに限らず、いろいろな人間の活動を改善できる可能性ももっています。したがって、専門的な知識を学ぶだけでなく、さまざまな社会の仕組みに目を向けていくことも必要です。たとえば、

▲図 1.9　データサイエンスの活用分野

図 1.9 に示すような社会的な課題の解決方法を見つけていく段階で、データサイエンスは重要な役割を果たすでしょう。

練習問題　1-3

社会的な活動に広く目を向け、データサイエンスが活用できそうな課題を一つ以上挙げてみましょう。

第2章 データやAIを扱ううえでの倫理

　第1章で見たように、データ量の急速な拡大とそれに伴う技術の進化は、私たちの社会に多くの恩恵をもたらしました。しかしその一方で、データやAIの利用に関する倫理的な問題が浮き彫りになっています。この章では、そのような問題として具体的にどのようなものがあるのかを説明します。

この章で学ぶこと
- ☑ データ倫理に対するガイドライン
- ☑ AIの危険性
- ☑ データに潜む歪み

事前に調べること
- ☑ ELSIとは何の略ですか？
- ☑ アカウンタビリティとは何ですか？
- ☑ バイアスとはどんな意味ですか？

2.1 データやAIにおける倫理

　深層学習（ディープラーニング）を用いて偽物（フェイク）の画像や動画を作り出す、**ディープフェイク**（deepfake）という言葉を知っていますか？　近年では技術の発達とともに、よりリアルで精巧な画像や動画が作成できるようになっており、本物と見分けるのが困難となりつつあります。

　昔から、デマや噂など真実ではない情報が世の中に出回ることはありました。しかし現代は、インターネットによって、その偽物を世界中に広めることができます。「フェイクだとわかって楽しんでいるのだから問題ない」と考える人もいるかもしれませんが、ディープフェイクによって混乱や恐慌が引き起こされる可能性もあります。そのため、このような能力をもつAIについては、開発者だけでなく利用者も十分な倫理観をもっておかなければなりません。

　この章では、こういった**データ倫理**（data ethics）や**AI倫理**（AI ethics）について、歴史的な背景も含めて学びましょう。

2.2 AI活用7原則

第1章で述べたように、AIの始まりは1950年代です。なぜAIが初めて提唱されてから70年以上経ったいまになって、AI倫理が必要とされているのでしょうか。一つ目の理由は、AIが特別なものではなく、普段の生活の中に溶け込んだ当たり前のものになりつつあるからです。その背景には

計算機やセンサの性能が向上し、複雑かつ高度な知覚・知能を実現するAI手法の開発が急速に進んでいることが挙げられます。しかも、それらのAIプログラムが低コストで開発・配布が可能になっています。

私たちはAIを拒絶するのではなく、AI倫理の理解を深め、よきパートナーとして成長していくことが求められています。そのためには、AIを利用したり開発したりするうえでの指針が必要となります。日本では、表2.1に示す「**AI活用7原則**」という指針が政府から提唱されました。この原則は「AIは人が作り出すものであるため、人を助けるための存在であるべき」という考えに基づいています。また、この原則の中にあるプライバシーの確保については、改正個人情報保護法が2017年に制定されました。ヨーロッパでも、2018年に個人データ保護やその取扱いについて「**EU一般データ保護規則**」(General Data Protection Regulation、GDPR) が定められています。

これらの原則・規則に基づき、個人情報収集に関する本人の承諾 (**オプトイン**

▼表2.1　AI活用7原則 [統合イノベーション戦略推進会議、2019]

人間中心	憲法および国際的な規範の保証する基本的人権を侵さない
教育・リテラシー	誰もがAIを利用できるように教育を充実させる
プライバシー確保	個人情報だけでなく、個人の自由、尊厳、平等を侵さない
セキュリティ確保	社会の安全性および持続可能性が向上するように努める
公正競争の確保	ビジネスやサービスに対して公正な競争環境を維持する
公平性、説明責任、透明性	AIの利活用においてあらゆる差別や不当な扱いを排除する
イノベーション	国際化および多様化を目的とした産学官民連携を推進する

opt-in／**オプトアウト** opt-out）や、個人データの削除を要求できる仕組み（**忘れられる権利** right to be forgotten）が情報収集に課されました。一方、規則を守ることで、誰もが個人データを取得でき、別のサービスに再利用できる利便性（**データポータビリティ** data portability）の向上も図られています。

2.3 開発者の倫理的・法的・社会的課題

「AI活用7原則」はデータやAIの利用者も含めた指針でしたが、ここでは開発者側の視点に立って、倫理や法を考えてみましょう。

科学技術の進歩に伴う倫理観の検討は、アメリカでヒトゲノムの解読が始まった1990年頃から本格的に行われ始めました。その中で有用な概念の一つとして **ELSI** が提唱されました（図2.1）。ELSIは「倫理的・法的・社会的課題」(Ethical, Legal and Social Issues) の頭文字をとったものです。倫理は、普遍的な理念や規準であり、社会において人々がよりどころとする規範ですが、明示的なものではなく熟慮が必要です。これに対して法は、法律やガイドラインを指します。法律は倫理に照らし合わせて「すべきではないこと」を明示したものですが、新たな問題が発生すると対処方法を議論して改正するため、後手になってしまうこともあります。このため、守るべき指針であるガイドラインが付随して示されています。このガイドラインの例としてはインフォームドコンセントが挙げられます。これは、治療法の開発や生体計測に伴うデータ収集において、

- 収集者は、事前に被験者に十分な説明をしなければならない
- 被験者は、内容を理解したうえで、自由意志に基づいて同意／不同意を決定できる

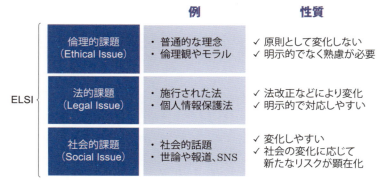

▲図2.1 ELSIの定義

というルールを定めるものです。AI の利活用においては、たとえば、総務省の AI ネットワーク社会推進会議が制定したガイドライン (https://www.soumu.go.jp/iicp/research/results/ai-network.html) が参考になります。

　しかしながら残念なことに、データ倫理や AI 倫理の問題には正解がありません。ELSI の観点から、さまざまな問題について、みんなで話し合い、選択・判断していくことが大事なのです。

2.4　AI の危険性

　続いて、AI の危険性について考えてみましょう。現在の AI は、さまざまな手段で現実と見分けがつかないディープフェイクを作り出すことができます。この偽物のニュースが誰かに深刻な悪影響を及ぼすことはないと思っている人がいるかもしれませんが、それが医療診断や自動運転、投資相談に関するものだったとしたらどうでしょう。誤った診断や判断が、命の危険や、財産の損失につながる可能性は十分にあります。また、ディープフェイクの問題だけでなく、AI が偏った情報や悪意のある情報をもとに学習することで、偏見的な判断や差別的な結果を出力するといった問題もあります。以下に最近の例を紹介しましょう。

人種差別主義者になったチャットボット（2016 年）

　大手 IT 企業が開発した Tay（チャットボット）は対話可能な AI であり、対話履歴を学習して新たな対話内容を増やしていくものでした。しかし、一部のユーザーの差別的な発言に過敏に反応して人種差別主義者となり、停止させられました。

アメリカ大統領選挙（2024 年）

　2024 年 11 月のアメリカ大統領選挙を前に、AI を用いて作成された「歌手のテイラー・スウィフトさんが共和党のドナルド・トランプ氏を支持しているかのように見える偽画像」が SNS で拡散され、波紋をよびました。このようにディープフェイクは、直接人に害を与えなくとも、社会に混乱を招いたり不要な対立を生んだりすることがあります。

2.4　AI の危険性　13

どんなに技術が進展しても、開発段階で想定できなかった行動や判断をして、その結果 AI が人に危害を及ぼすというリスクをゼロにすることはできません。もちろん AI に限らず、すべての機械やシステム、サービスにはその危険性があります。しかし AI は、問題の原因がその発生状況だけではわからないことが多いため、より注意を払う必要があると指摘されています。

Coffee Break　AIの認識を意図的に誤らせる方法

　日進月歩で進化する AI 開発においては、AI の認識を意図的に誤らせる方法 (adversarial attack) まで登場してきました。この方法では、ある画像に対し、特定のノイズを少し加えるだけで、誤った認識をさせることが可能です。以下の例において、AI は左の写真に対して、パンダである確信度が 57.7% と回答しています。しかし、中央のノイズ画像 (AI は線虫と判断しています) を加えた後の右の写真に対して、AI はパンダではなくテナガザルと答え、その確信度も 99.3% でした。このように、少しのノイズが判断を誤らせるだけでなく、確信度も向上させてしまう場合があります。

 + .007 ×  =

x　　　　　　　　　$\text{sign}(\nabla_x J(\boldsymbol{\theta}, \boldsymbol{x}, y))$　　　　　$x + \epsilon\,\text{sign}(\nabla_x J(\boldsymbol{\theta}, \boldsymbol{x}, y))$
"panda"　　　　　　　　　"nematode"　　　　　　　　　"gibbon"
57.7% confidence　　　　8.2% confidence　　　　　　99.3 % confidence

▲ AI の認識を意図的に誤らせる方法
　[I. J. Goodfellow, et al., Explaining and harnessing adversarial examples, ICLR, 2015]

　パンダをテナガザルと誤認識したところで、私たちの生活には大きな影響はないように思いますが、AI の画像認識は、たとえば自動車の自動運転開発に大きく貢献しています。自動運転の機能の一つである道路標識の自動認識では、道路標識の画像に少しのノイズを加えるだけで、誤った認識を招いてしまうことが明らかになっています。以下の例では、「STOP」の標識が「制限速度 45km/h」(speed limit 45) と誤認識される可能性が示されています。

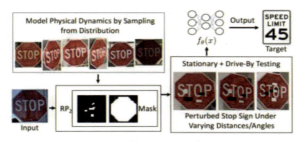

▲自動運転における道路標識の誤認識
[K. Eykholt, et al., Robust physical-world attacks on deep learning visual classification, CVPR, 2018]

2.5 データの透明性・アカウンタビリティ

透明性(transparency)とは、判断材料として用いられる入力データや判断の根拠、判断の結果が要求に応じて開示されることです。スタンフォード大学の基盤モデル研究センター(The Center for Research on Foundation Models、CRFM)は透明性指標(transparency index)を提唱しています。この指標は100項目から成っており、値が高いほど透明性が高いことを表します。CRFMは、大手企業のAIモデルを対象に透明性指標を算出しました。図2.2は、2023年10月と2024年5月の調査で対象となった8社のスコアを比較したものです。すべての企業でスコアが向上しており、透明性に対する企業努力が見られますが、6社は依然として60ポイント以下であり、透明性が十分に確保されているとはいいがたいものでした。

また、透明性の開示に加えて、**アカウンタビリティ**(**説明責任**、accountability)を果たすことも重要です。開発者や企業には、対象のAIシステムがどのように設計・実装されたのか、誰がAIの挙動に対して責任をもつのかを、利害関係者に説明することが求められています。誰もが納得したうえで利用できるような体制づくりが急務です。

ただし説明責任といっても、AIが提供しているサービスの責任の所在を明らかにすることは容易ではありません。たとえば図2.3のように、ある開発者が白データを利用して黒AIモデルを開発したとします。開発者は、自身が開発したAIモデルのコードや動作は理解しています。しかし、学習に利用した白データはビックデータであることが多く、どのようにして収集されたのか不透明な場合もあります。

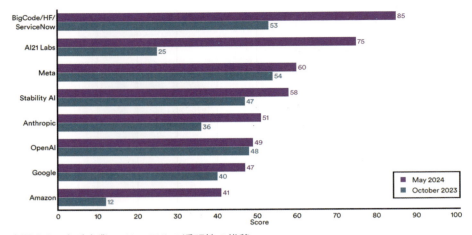

▲図 2.2　大手企業の AI モデルの透明性の推移
[R. Bommasani, et al., The foundation model transparency index v1.1: May 2024, arXiv:2407.12929]

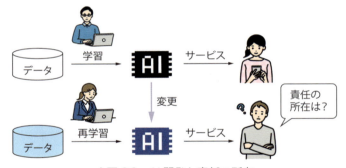

▲図 2.3　AI 開発と責任の所在

　さらに、この黒 AI モデルをもとにして、別の開発者が新たな青 AI モデルを開発したとしましょう。通常、AI を開発するときには、目的に合った新しい青データを用いて AI モデルを再学習させます。このようにして作られた青 AI モデルで問題が発生した場合、このモデルの開発者はその原因を説明することができるでしょうか？　もしかすると、問題の原因は青 AI モデルのもととなった黒 AI モデルにあるかもしれませんし、その学習に用いられた白データかもしれません。現在の AI は開発が容易になったことと引き換えに、責任の所在がわかりづらくなっているのです。

現在の AI の主流は学習型であり、ウェブ上で公開され自由に使えるオープンデータを学習に使用している事例も少なくありません。しかし、オープンデータの中には、十分にデータの内容の検証が行われないまま公開されているものもあります。そのようなデータにはプライバシーへの配慮が欠けているなどの不適切なものが含まれている可能性があります。このようなデータを用いることで、知らず知らずのうちにプライバシーを侵害してしまうかもしれません。さらに、構築された AI モデルによって、たとえば誤った診断結果が下されれば、利用者は適切な治療を受ける機会を失ってしまうかもしれません。オープンデータだからといって過信せず、どのようにして収集されたデータなのか、どのような加工が施されたデータなのかを知ったうえで利用することが大事です。

2.6 データバイアス

最後に、データバイアスについて考えましょう。AI におけるデータバイアスとは、データの収集、分析、そしてそれを用いた機械学習の結果が、特定の個人や集団に対して不正であったり不公平であったりすることです。表 2.2 に例を示します。バイアスの種類は非常に多く、データが関係するあらゆる場面で発生する恐れがあります。

これに対して、日本政府では「責任ある AI と AI ガバナンスの推進」を目指して、世界共通の評価基準や技術の国際標準の作成に着手しています。また、大手 IT 企業では独自の基準を設け、「責任ある AI」の視点に立った開発や社員教育を始めています（図 2.4）。

AI を用いたサービスが広く社会に普及し始めているいま、開発者だけでなく、利用者も含めて、私たちは AI の利活用について熟考し議論していかなければなりません。この章では AI システムの問題や懸念にばかり焦点を当ててしまいましたが、AI を上手に正しく活用することで、私たちの生活がより便利で快適になっていくのは間違いありません。大事なことは、「上手に」「正しく」とは何かを話し合っていくことなのです。

▼表2.2　データバイアスの例

選択バイアス	
収集情報から抽出したデータ群が全体の様子を反映せず、偏りをもっていること。たとえば、帰還した戦闘機の被弾跡（右図）から防御力を向上させるべき箇所を明らかにしたい場合、本来は帰還できなかった戦闘機のデータが重要だが、そちらは入手できない。	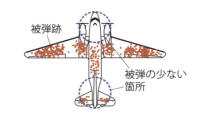
認知バイアス	
物事の判断をする際、これまでの経験や固定観念に従うことで、誤った情報収集や結果の偏りを招くこと。無意識バイアスともよばれる。右図は、見た目の判断で職業を決めてしまう例である。先入観や思い込み、勝手な解釈が偏りを招く。	 消防士？　モデル？　看護師？　社長？
出版（表現）バイアス	
研究論文や報告書において、ネガティブな結果よりポジティブな結果のほうが公表される可能性が高くなること。そのため、公表文献を集めるとポジティブな結果のみが注目されることになり、判断などに偏りが生じる恐れがある。	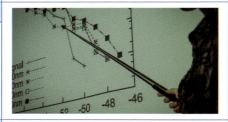
アルゴリズムバイアス	
偏った学習データを与えると、機械学習（AI）のアルゴリズムが偏った結果を出力してしまうこと。たとえば犯罪者推定システムにおいて、学習データとして黒人が多かったため、黒人というだけで犯罪率が高く出るような場合のことを指す。	

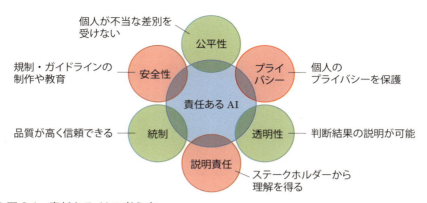

▲図 2.4 責任ある AI の考え方
　　　[NEC HP : https://jpn.nec.com/ai/relate/interview3/index.html]

練習問題 2-1

(1) AI 活用 7 原則のガイドラインはどのようなものかを調べなさい。
(2) ELSI は何の略称か。また、その日本語の意味を答えなさい。
(3) AI システムの安全性とは何か、答えなさい。
(4) AI システムのアカウンタビリティとは何か、答えなさい。
(5) 自動運転を例にして、AI と運転者の責任について述べなさい。
(6) 身近に存在するデータバイアスを挙げなさい。
(7) 「責任ある AI」のために、あなたが最も重要だと考えることを挙げなさい。

第3章 データの正しい扱い方

第2章では、データの倫理的な側面を考察しました。一方、データの効果的かつ正しい扱い方を理解しなければ、その潜在力を十分に引き出すことができないだけでなく、大きなリスクにつながる可能性もあります。この章では、データを悪用や脅威から守るセキュリティの基本事項に加えて、データ分析の結果を判断するときに役立つ方法を学びます。

この章で学ぶこと
- ☑ 情報セキュリティの基礎
- ☑ データを守る手法
- ☑ 分析結果の判断方法

事前に調べること
- ☑ セキュリティ確保にはどんな方法が？
- ☑ 暗号化における公開鍵とは何ですか？
- ☑ クロス集計表とはどんなものですか？

3.1 情報セキュリティ

3.1.1 情報セキュリティ3要素

データ分析やAI開発において、私たちの行動履歴や考え方などの情報を利用する際、そこには個人の情報や企業の重要なノウハウが含まれることがあります。そのため、これらの情報は**安全性**（**セキュリティ**、security）が確保されたシステムにて管理されなければなりません。しかし、効率よく分析や学習を行うには、これらの情報にいつでもどこでもアクセスできる**利便性**（accessibility）が求められます。とくに最近ではリモートワークの導入が勧められているので、この「セキュリティと利便性のトレードオフ」はより重要な課題になっています。

情報を安全に管理するうえでは、以下に示す**情報セキュリティ3要素**が重要であるとされています。

- ● **機密性**（confidentiality）：正当な権利をもった人だけが情報資産を使用できる状態にしておくこと
- ● **完全性**（integrity）：情報資産を不正アクセスから守り、正確かつ完全な状態

にしておくこと
- **可用性**（availability）：情報資産を人為的ミスや災害から守り、必要なときに使用できること

3.1.2 セキュリティを確保するための具体的な方法

　情報のセキュリティを確保するために、データの管理者は、最低でも上記の3要素を守って処置や設備導入を行う必要があります。データに安全にアクセスできる方法としてはさまざまなものが開発されていますが、ここでは二つの例を紹介します。

2段階認証

　2段階認証（two-step verification）とは、データが管理されたシステムへログインする際、IDとパスワードの入力以外に、アプリやセキュリティコードでの追加認証を行う仕組みです（図3.1）。IDとパスワードだけの場合、これらを知られてしまうと、簡単にログインされてしまいます。それに対して2段階認証では、たとえば本人がもっているであろうスマートフォンからの認証を行うことで、より強固なセキュリティが確保されています。

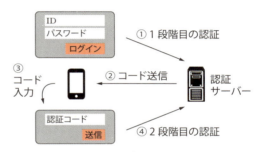

▲図3.1　2段階認証の仕組み

VPN

　VPNとは「Virtual Private Network」の略で、インターネット上に設置される仮想の専用線のことです。一般的に使われるインターネット回線を利用しながら、通信内容を第三者に見えないように加工して、セキュリティを維持します。これには、以下の四つの技術が用いられています（図3.2）。

▲図3.2　VPNの仕組み

3.1　情報セキュリティ　21

- **カプセル化**（encapsulation）：トンネリング経路で通信されるデータを、外部から保護する技術
- **トンネリング**（tunneling）：仮想の専用線をトンネルのように構築する技術
- **暗号化**（encryption）：データを暗号化して、解除キーを知る人だけが開封できる技術
- **認証**（authentication）：データの送信元と送信先が正しい通信相手かどうかを確認する技術

練習問題 3-1

　2段階認証やVPNを導入することでセキュリティを強化することができますが、逆にデメリットも存在します。それぞれ調べて答えなさい。

3.2 セキュリティ事故の例

　世の中に完璧なセキュリティなどはなく、人が開発して人が扱うシステムには必ずリスクが伴います。そのため、ここではいままでに発生したセキュリティ事故の例を見ながら、どのようにリスクを低減していけばよいかを考えていきましょう。

日本年金機構の情報漏えい（2015年）

　日本年金機構において、職員が標的型攻撃メールを受け取り、添付ファイルを開いたことで、システムがマルウェア（悪意をもったソフトウェア）に感染し、管理していた約125万件もの個人情報が漏えいしてしまいました。機構はコンピュータウイルス感染防止対策を取っていましたが、最終的には各職員のリテラシーに依存してしまっていたことが主な原因だと分析しています。

東京都 個人情報の誤掲載（2023年）

　都の施策に関するアンケート結果を、東京都オープンデータカタログサイトに掲載した際、個人情報（会社名、氏名、メールアドレス）まで公開されてしまいました。サイトに個人情報がそのまま掲載されたわけではありませんが、ダウンロードできるスプレッドシートに自動リンクされたセルが残ったままになっていて、そのリンクをたどると個人情報が読み取れる状態であったようです。

これらのケースから、事故防止には、**システム的なセキュリティレベルの向上**（サイバー攻撃対策、不正アクセス防止、設定不備排除など）と**使用者のリテラシーレベルの向上**（マルウェア感染防止、データの誤送信防止・紛失防止・不正持ち出し禁止など）の両方が必要不可欠であることがわかります。実際、図3.3に示すように、システム側で取るべき対策を行っても使用者が間違った対応をしたために発生した事故が多発しています。皆さんも日頃から、セキュリティソフトウェアの導入・更新、メールに添付するファイルの暗号化、制限されたデータを外部記録媒体に保存しないといったセキュリティ対策を心がけましょう。

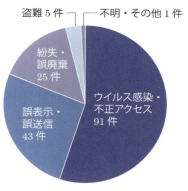

▲図 3.3　セキュリティ事故の要因
[東京商工リサーチ、2023]

3.3 データの秘匿化

データはセキュリティが高い場所で管理されなければなりませんが、分析などを行う際は、管理場所から移動させざるを得ない場合があります。そのようなときには、データを**秘匿化**（concealment）する以下のような手段を用いてセキュリティを確保しましょう。

3.3.1 匿名加工情報

匿名加工情報（anonymously processed information）とは、個人情報を加工して特定の個人を識別することができないようにした情報のことです。このように加工された情報であれば、万が一、漏えいしても、個人情報を復元することができません。たとえば図3.4のように、名前を消去して、年齢を区分表記にするだけで、個人を特定することは不可能になります。

3.3　データの秘匿化　　23

氏名	性別	年齢	出身	職業
佐藤甲子	女	22	東京	公務員
鈴木乙太	男	33	千葉	弁護士
高橋丙美	女	44	埼玉	医師
田中丁介	男	55	神奈川	会社員

匿名加工 →
← 復元 ✕

氏名	性別	年齢	出身	職業
−	女	20代	東京	公務員
−	男	30代	千葉	弁護士
−	女	40代	埼玉	医師
−	男	50代	神奈川	会社員

▲図 3.4　匿名加工情報の例

3.3.2　公開鍵暗号化システム

　別の秘匿化方法としては暗号化があります。しかし単純な暗号化では、暗号化を解除する鍵がデータと一緒に盗まれてしまうと、情報が漏えいしてしまいます。そのようなことを防ぐために、図 3.5 のように公開鍵と秘密鍵の二つで情報を守る**公開鍵暗号化システム**（public-key cryptosystem）が利用されています。

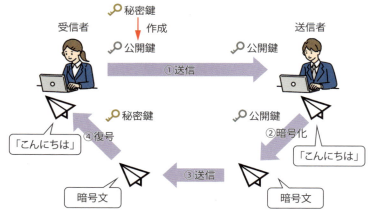

▲図 3.5　公開鍵暗号化システムによるデータのやり取り例

　この暗号化システムは、以下の手順でデータのやり取りを行います。

❶　受信者が秘密鍵から公開鍵を作成し、送信者に送る
❷　送信者が、その公開鍵を使って通信内容を暗号化する
❸　暗号化された文書を受信者が受け取る
❹　受信者が秘密鍵を用いて復号し、中身を確認する

このように、二つの鍵を使うことでデータ転送時のセキュリティを確保することができますが、暗号化／復号化の処理時間が長くなるという欠点もあります。

練習問題 3-2

(1) 2020年に個人情報保護法が改正され、新たに**仮名加工情報**（pseudonymised data）というものが提案されました。これはどんな加工方法で、匿名加工情報とは何が違うのかを調べて答えなさい。

(2) 鍵を用いた代表的な暗号化技術として**SSL**（Secure Sockets Layer）暗号化があります。どのように安全性を確保しているのか調べて答えなさい。

Coffee Break　ブロックチェーンとは？

2段階認証でも暗号化方式でも、データ秘匿のための重要な情報をもっているのは管理サーバーになります。このため、多くの標的型攻撃は管理サーバーに対して行われます。攻撃が成功すれば、サーバーの機能が停止したり、最悪の場合はセキュリティが破られたりすることもあります。

これに対して、仮想通貨などを扱う金融システムでは、以下のように複数のサーバーが互いに認証や暗号情報へのリスクを監視する**ブロックチェーン**（blockchain）という仕組みが導入されています。ブロックチェーンでは、接続されているコンピュータ内で発生したすべての取引を記録する「台帳」とよばれるデータベースを、接続されているすべてのユーザーが共有することで、情報のセキュリティを確保しています。

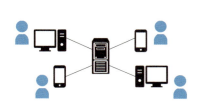
従来の集中管理型システム

ブロックチェーンシステム

▲従来のシステムとブロックチェーンのシステムの違い

3.4 データ分析の結果を正しく判断するには

　データを扱ううえでは、セキュリティも重要ですが、データ分析で得られた結果は社会に大きな影響を与えることがあるため、その結果を正確に判断することも求められます。ここでは、COVID-19（新型コロナウイルス感染症）のデータとその分析を例として説明していきましょう。

　COVID-19 は 2020 年 1 月に初めての陽性者が見つかり、その後 4 年以上にわたって猛威を振るっています。この感染症は当初、治療薬やワクチンが準備できなかったため、多くの人が恐怖を感じたことと思います。そのため、ほとんどの人が陽性者数の推移に注目しました。図 3.6 に示す実際の陽性者数から、感染は拡大と収束を繰り返していて、規則（周期）があるようにも見えます。

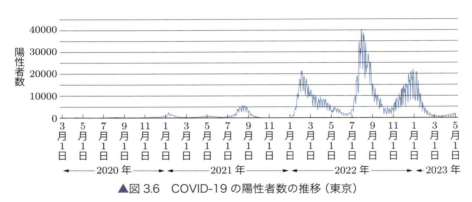

▲図 3.6　COVID-19 の陽性者数の推移（東京）

　このように、陽性者数からだけでもさまざまなことがわかりそうですが、そもそも陽性かどうかを判断している PCR 検査は信頼できる方法なのでしょうか。そのような分析を行う場合、単に陽性者数だけでなく、検査の診断結果と実際の感染者数を比べる必要があります。

3.4.1　クロス集計表

　このような判断に便利なのが**クロス集計表**（cross-tab）です。表 3.1 は、PCR 検査に対するクロス集計表を示しています。PCR 検査は、患者から得た検体を培養して COVID-19 の感染の有無を調べる方法です。しかしながら、ウイルスの潜伏期間、採取場所や検査装置の差異などによって、以下の四つの状態が生じることがあります。

❶ PCR 検査結果で感染あり（陽性）と判断されて、本当に感染していた

❷ PCR 検査結果で感染ありと判断されたが、本当は感染していなかった

❸ PCR 検査結果で感染なし（陰性）と判断されたが、本当は感染していた

❹ PCR 検査結果で感染なしと判断されて、本当に感染していなかった

▼表 3.1　PCR 検査のクロス集計表

		本当の状態	
		感染あり	感染なし
PCR検査の結果	陽性	真陽性 a	偽陽性 b
	陰性	偽陰性 c	真陰性 d

これらの四つの状態は統計学では以下のように表現されており、その比率は計算式に従って求めることができます。

❶ 真陽性（True Positive: TP）：真陽性率 $= a/(a + c)$

❷ 偽陽性（False Positive: FP）：偽陽性率 $= b/(b + d)$

❸ 偽陰性（False Negative: FN）：偽陰性率 $= c/(a + c)$

❹ 真陰性（True Negative: TN）：真陰性率 $= d/(b + d)$

PCR 検査の場合は、偽陰性の判断が重要です。偽陽性は「本当はウイルスが体内にいないが、検査では〝いる〟と判定されている状態」なので、予防医療としては問題ありません。しかし、偽陰性は、「本当は体内にウイルスが存在しているのに、検査では〝いない〟と出ている状態」なので、医療的な処置がなされずに感染の拡大を引き起こすかもしれません。

ただし、偽陽性の判断が重要な場合もあります。どちらが大事かはケースバイケースのため、慎重に考えなければなりません。

3.4.2 リスクの判断指標

上記の四つの状態のリスクを判断する指標として、**適合率**（precision）と**再現率**（recall）があります。適合率は、「陽性と判定した人」の中で「実際にウイルスに感染していた人」の割合を示します。一方、再現率は、「実際にウイルスに感染していた人」の中で「陽性と判定できた人」の割合を示します。適合率と再現率は以下の式で計算することができます。この式からわかるように、再現率は真陽性率と同じになります。

3.4　データ分析の結果を正しく判断するには　27

$$\text{適合率} = \frac{\text{真陽性}\,a}{\text{真陽性}\,a + \text{偽陽性}\,b}、\quad \text{再現率} = \frac{\text{真陽性}\,a}{\text{真陽性}\,a + \text{偽陰性}\,c}$$

検査の精度を高めても偽陽性と偽陰性を 0 にすることは難しく、実際の PCR 検査では、ウイルスの感染強度や患者の症状に応じて、陽性か否かを判定する Ct 値のしきい値（以下の Coffee Break を参照）を決定します。

練習問題 3-3

ある疫病の検査 A, B において、以下の結果が得られたとします。

検査 A

	感染あり	感染なし
陽性	95	3
陰性	5	97

検査 B

	感染あり	感染なし
陽性	99	10
陰性	1	90

(1) それぞれの検査について、真陽性率、偽陽性率、偽陰性率、真陰性率を答えなさい。

(2) どちらの検査が優れているか、適合率、再現率を用いて答えなさい。

Coffee Break　実際の PCR 検査の結果

表 3.1 では表の形式で真陽性などの状態を示しましたが、これらはグラフで表現することもできます。以下に、グラフでの表現を示します。実際の PCR 検査では、検体を培養し、Ct 値（ウイルスが倍々に増幅して検出可能な値に達するまでのサイクル数）が一定基準に到達しない場合に陽性と判定されます。

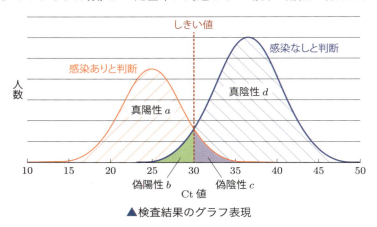

▲検査結果のグラフ表現

検査が非常に正確であれば「感染ありと判断された人の分布」と「感染なしと判断された人の分布」が重なることはありませんが、実際の検査には誤差が含まれることが多いため、この図のように、両者はほとんどのケースで重なります。

　これらの分布の重なりをもつデータでは、しきい値をどこにするかによって判断が大きく異なることに注意しましょう。たとえば上の図のケースでは、しきい値を Ct 値 35 に移動させることにより、偽陰性をほとんどなくすことができます（逆に、感染ありと判断される人は増えます）。このように、データの取得や分析が ELSI に基づいて行われていても、しきい値の取り方一つで結果が調整できることも知っておきましょう。

第4章 データの特徴を知る：統計の基礎

第1章で説明したように、データサイエンスは獲得した情報から問題解決のための方針を導き出す枠組みです。しかし、時として情報は複雑で、情報をありのまま見ていても、解決策を見出すことはなかなか困難です。このようなときに役立つのが統計学です。統計学は、データサイエンスの基盤ともいえる学問です。この章では、その初歩を学んでいきます。

この章で学ぶこと
- ☑ 基本統計量（代表値と散布度）
- ☑ 累積度数分布と階級
- ☑ 推測統計の基礎

事前に調べること
- ☑ 統計量にはどんなものがありますか？
- ☑ ヒストグラムはどんなグラフですか？
- ☑ 母集団とはどのような意味ですか？

4.1 データサイエンスにおける統計学の役割

情報とは、正しい判断を行ったり、確実な行動をしたりするうえで必要な知識のことです。しかし情報そのものだけからは、行動の方針が明確に定まらないこともよくあります。たとえば、ある科目のテストの結果（点数）がよくなかったとしましょう。テストの結果がよくなかったのは、本人の勉強が足りなかったことが原因でしょうか？ それとも、テスト問題が難しかったことが原因でしょうか？ この情報だけからは、はっきりしたことはいえません。

仮に、クラス全員の点数の平均という情報を知ることができれば、たとえば以下のように考えることができます。

- ● テストのクラス平均点が低い → 問題が難しかった
- ● 自分の点が平均点より低い → 自分の勉強が足りなかった

このように、自分のテストの点に加えて、平均という量を知るだけで、今後の行動の方針を決めることができます。

平均のようにデータの特徴を数値的に表した情報を統計量といいます。統計量をもとにデータを把握する方法には、大きく分けて以下の二つがあります。

- **記述統計**（descriptive statistics）：得られたデータ全体から表やグラフを作り、平均などの統計量を見ることでデータの特徴を把握する方法
- **推測統計**（inferential statistics）：大量のデータから一部を抜き取って（抜き取られたデータは標本といいます）、その標本の基本統計量からデータ全体の特徴を予想する方法

推測統計は、記述統計に加えて、標本の取り方や推測手法の選び方など、より複雑なことを学ばなければなりません。本章ではまず、統計量の中でも基本的なもの（基本統計量）について学んでいきます。

4.2 基本統計量①：代表値

基本統計量には、データ全体の様子を表す**代表値**（representative value）、データのばらつき具合を表す**散布度**（dispersion）があります。それぞれ以下のようなものがあります。

$$\text{基本統計量} \begin{cases} \text{代表値：最小値、最大値、平均値、中央値、最頻値、度数} \\ \text{散布度：分散、標準偏差、範囲、歪度、尖度} \end{cases}$$

以下でこれらの例を示すために、10点満点の小テストを10人の学生に実施した結果を表4.1および図4.1に示します。

▼表4.1　小テストの結果（表）

学生番号	1	2	3	4	5	6	7	8	9	10
得点	8	6	7	7	4	7	6	7	5	8

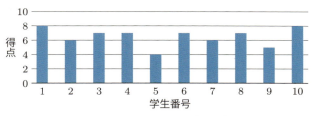

▲図4.1　小テストの結果（グラフ）

4.2.1 最小値、最大値、平均値

図 4.1 から、最も低い得点、すなわち**最小値** (minimum) は 4 点で、最も高い得点、すなわち**最大値** (maximum) は 8 点であることが簡単にわかります。そして、**平均値** (mean) は「すべての学生の得点を足して人数で割る」ことで以下のように求められます。

$$\frac{8+6+7+7+4+7+6+7+5+8}{10} = 6.5$$

4.2.2 中央値、最頻値

続いて、中央値と最頻値を求めてみましょう。まず、以下に定義を記します。

- **中央値** (median)：データを小さい順（または大きい順）に並べたときの中央にある値
- **最頻値** (mode)：度数（ここでは学生の数）が最も多い得点

これらを求める場合には、「得点ごとに学生の数を数えた表」や「得点を横軸、学生の人数を縦軸としたグラフ」を作るとわかりやすくなります。このような表を**度数分布表** (frequency distribution table) とよび、ここでの例では表 4.2 のようになります。また、このようなグラフを**ヒストグラム** (histogram) とよび、ここでの例では図 4.2 のようになります。ヒストグラムでは横軸は**階級** (bin) とよばれ、縦軸は**度数** (frequency) とよばれます。なお、ヒストグラムは本来、棒どうしがくっついていますが、ここではデータが離散値なので離して表されています。

▼表 4.2　小テストの結果（表、得点順）

得点	4	5	6	7	8
学生の数	1	1	2	4	2

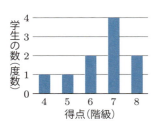

▲図 4.2　小テストの結果（グラフ、得点順）

この例ではデータの個数が 10 なので、5 番目と 6 番目にあるデータの平均が中央値となります。表 4.2 からわかるように、中央値は 7 点となります。一方、図 4.2 からわかるように最頻値も 7 点となります。

この例の代表値を表 4.3 にまとめておきます。表 4.3 から、この小テストにどの

▼表 4.3　小テストの代表値

統計量	最小値	最大値	平均値	中央値	最頻値	度数
代表値	4	8	6.5	7	7	10

ような傾向があるのかがわかり、テストを作問する教員は難易度を調整したり、テストを受ける学生は自分の習得具合を把握したりすることができます。

4.2.3　代表値を用いる場合の注意

代表値は便利な統計量ですが、データの様子を完璧に示すことができない場合もあります。たとえば、図 4.3 に示したデータの平均値は 5 ですが、5 点を取った学生は誰もいません。また、最頻値は 3 点と 7 点の二つになってしまいます。このように、代表値表現には限界もあり、あくまでもデータ全体の概要を表すものであることを意識しましょう。

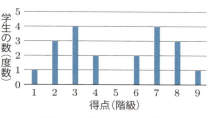

▲図 4.3　別のテストの結果

Coffee Break　ヒストグラムについてもう少し

ヒストグラムは、対象のデータを定めた区間ごとに区切り（階級）、その中に属しているデータの数（度数）を表す方法です。図 4.2 では階級は得点そのものでしたが、階級が多くなる場合（たとえば 100 点満点）は階級に幅をもたせることが一般的です。たとえば以下のような場合、20〜30 の階級の中には三つのデータが含まれていることになります。

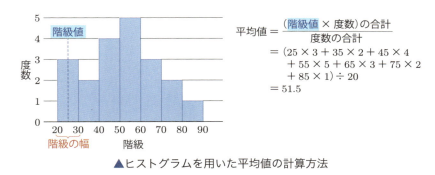

▲ヒストグラムを用いた平均値の計算方法

また、各階級の中央の値は**階級値**（class value）とよばれ、それぞれの区間の代表的な値になります。この階級値を用いると、近似的な平均値を簡単に求めることができます。

4.3 基本統計量②：散布度

4.3.1 分散

データ全体の様子以外に重要なこととして、各データのばらつき具合があります。これを表す量は散布度とよばれ、その中でも「平均値を中心にどの程度ばらついているか」を表す量は**分散**（variance）とよばれます。分散 V は以下のように計算します。

$$V = \frac{1}{N}\{(d_1 - \mu)^2 + (d_2 - \mu)^2 + \cdots + (d_N - \mu)^2\}$$

ここで、N は度数、μ は平均値、$d_1, d_2, \ldots, d_N$ はデータを示しています。

例として、表 4.1 のデータの分散 V を求めてみましょう。$N = 10$、$\mu = 6.5$ を代入し、10 個のデータ（得点）を $d_1, d_2, \ldots, d_{10}$ に代入すると、

$$\begin{aligned}
V = \frac{1}{10}\{&(8 - 6.5)^2 + (6 - 6.5)^2 + (7 - 6.5)^2 + (7 - 6.5)^2 + (4 - 6.5)^2 \\
&+ (7 - 6.5)^2 + (6 - 6.5)^2 + (7 - 6.5)^2 + (5 - 6.5)^2 + (8 - 6.5)^2\} = 1.45
\end{aligned}$$

となります。

4.3.2 標準偏差

分散とは別の散布度として、**標準偏差**（standard deviation）があります。標準偏差 σ は分散 V の平方根として計算されます。

$$\sigma = \sqrt{V}$$

この式で平方根を取るのは、観測したデータとスケールを揃えるためです。つまり、分散がばらつきの大きさを示しているのに対して、標準偏差はデータが平均値からどれだけ離れているかを表します。表 4.1 のデータでは、$\sqrt{V} = \sqrt{1.45} \fallingdotseq 1.2$ となるため、図 4.4 に示すように、だいたい平均値 6.5 ± 1.20 の範囲に多くのデータが存在しているといえます。

34　　第 4 章　データの特徴を知る：統計の基礎

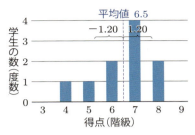

▲図 4.4　小テストの平均値と標準偏差

　分散や標準偏差のような散布度は、平均値を中心としたデータのばらつき具合を示すため、図 4.5 に示すように、平均値が代表値としてデータ全体をどの程度表しているのかといった評価指標としても使うことができます。

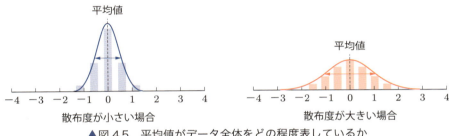

▲図 4.5　平均値がデータ全体をどの程度表しているか

　一方、図 4.6 に示すように、データはばらつき具合に偏りが生じる場合もあります。このような偏りは、**歪度**（わいど）(skewness) や**尖度**（せんど）(kurtosis) といった特殊な散布度を用いて評価します。

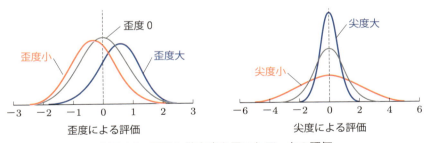

▲図 4.6　特殊な散布度を用いたデータの評価

練習問題 4-1

以下に、二人の弓道選手の得点を示した。これについて、問いに答えなさい。

	1射目	2射目	3射目	4射目	5射目	6射目	7射目	8射目	9射目	10射目
選手A	7	5	10	5	7	5	7	10	7	7
選手B	5	10	0	5	10	10	10	0	10	10

(1) 各選手の結果について、最小値、最大値、平均値、中央値、最頻値を答えなさい。

(2) 各選手の結果について、ヒストグラムを作成しなさい。Excel を利用してもよい。

(3) 各選手の結果について、分散をそれぞれ求めなさい。

(4) 選手 A, B にはどのような違いがあるか、見解を述べなさい。

4.4 記述統計の基礎

4.4.1 累積度数分布

ここでは度数分布（ヒストグラム）の一つである**累積度数分布**（cumulative frequency distribution）を使って、データのばらつき具合を表してみましょう。累積という名前のとおり、通常、累積度数分布は最も小さな階級から順々に度数を加えて作成します。具体的には表 4.4 のように計算します。前の階級の累積度数に次の階級の度数を足すことで、各階級の累積度数を求めることができます。

▼表 4.4　累積度数を計算する方法

階級（得点）	1	2	3	4	5	6	7	8
度数（学生の数）	2	2	2	2	2	2	2	2
累積度数	2	4	6	8	10	12	14	16

度数分布と累積度数分布の違いをグラフで表すと、図 4.7 のようになります。今回の例の場合、各階級に対する度数は同じなので、累積度数は一定の割合で増えている様子がわかります。このように、累積度数分布は度数の増減具合、つまり傾き（図 4.7 中の矢印）を表すことができます。また、最も大きい階級での累積度数が

36　第4章　データの特徴を知る：統計の基礎

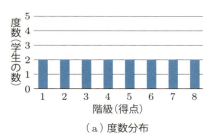
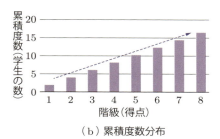

(a) 度数分布　　　　　　　　　(b) 累積度数分布

▲図 4.7　度数分布と累積度数分布の違い

度数のすべての和（表 4.4 では 16）になるので、その階級の数値（表 4.4 では 8）で割ることで平均値が簡単に求められます。さらには、累積度数の半分に当たる階級を調べることで、おおよその中央値を知ることもできます。

このように、さまざまな表現手法を用いてデータの全貌や代表値が一目でわかるように工夫することはデータの**見える化**（visualization）とよばれており、データサイエンスの重要な機能の一つです。

4.4.2　累積相対度数分布

度数分布のもう一つの表現方法として、**累積相対度数分布**（cumulative relative frequency distribution）を紹介します。累積相対度数分布は各階級のデータの度数をデータの総数で割ることで、最終的な累積が 1 になるようなグラフです。例として、表 4.2 に示したデータの累積度数、累積相対度数を計算した結果を表 4.5、各グラフを図 4.8 に示します。

▼表 4.5　累積度数と累積相対度数を計算する方法

階級（得点）	4	5	6	7	8
度数（学生の数）	1	1	2	3	2
累積度数	1	2	4	7	9
累積相対度数	1/9 = 0.11	2/9 = 0.22	4/9 = 0.44	7/9 = 0.78	9/9 = 1.00

累積度数をデータの総数で割る

累積度数分布も累積相対度数分布もグラフの形は非常に似通っています。しかし累積度数分布では、7 点以下の学生の数が 7 人と具体的な数値でわかるものの、それが学生全体のどの程度の割合なのかまではわかりません。それに対して累積相対度数分布では、7 点以下が約 8 割であると、全体に占める割合でただちに評価できます。

4.4　記述統計の基礎　　37

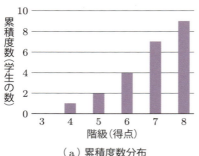
（a）累積度数分布

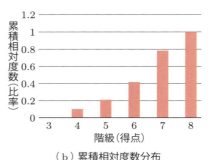
（b）累積相対度数分布

▲図 4.8　累積度数分布と累積相対度数分布の違い

練習問題 4-2

練習問題 4-1 で示した二人の弓道選手の得点について、問いに答えなさい。
(1) 累積度数分布と累積相対度数分布のグラフを作成しなさい。
(2) 累積度数分布表から「7 点以上の得点を取った回数」を知る方法を説明しなさい。
(3) 選手 A、B にはどのような違いがあるか、見解を述べなさい。

4.4.3 階級幅の重要性

表 4.1 の小テストのデータは階級（得点）が 10 段階でしたので、ヒストグラムは簡単に作成できました。しかし、100 点満点のテストではどうでしょうか？　ここでは例として、テストを受けた学生が 42 人の場合を考えます。

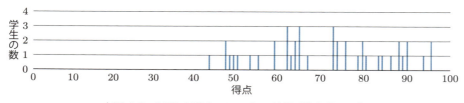

▲図 4.9　100 点満点のテストの結果（階級幅は 1）

たとえば、図 4.9 のように 1 点ずつ度数（学生の数）を取っていくと、見にくくなってしまいます。そこで階級に幅を設けてみます。ここでは経験的に階級幅を 5 にしてみると、図 4.10（a）のようになります。

参考までに、図 4.9 と同じく階級の幅を 1 とし、横幅を半分以下に縮尺したものを図 4.10（b）に示します。両者を見比べると、分布の傾向はほとんど同じですが、グラフとしては図 4.10（a）のほうがかなり見やすくなっています。データを見や

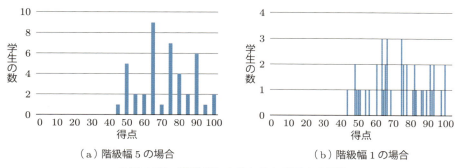

▲図 4.10　階級幅によるヒストグラムの変化

すくするには、このような「データ範囲の適切な設定」も重要です。

4.4.4 階級幅の決め方

　データの分布によって最適な階級幅は変わりますが、ここではその幅を決める際の目安になる**スタージェスの公式**（Sturges' rule）というものを紹介します（厳密には、この公式はデータが正規分布というものに従うときに成り立ちます）。この公式に従うと、階級の個数、すなわち**階級数**（number of bins）は以下のように算出できます。

$$階級数 = 1 + \log_2 N$$

N はデータの数、$\log_2 N$ は底が 2 の対数です。

　前項の例では $N = 42$ であり、$\log_2 42 \fallingdotseq 5.39$ であることから、最適な階級数は 6.39 と計算されます。これは小数なので四捨五入して 6 とし、0〜100 点を六つの区間に分けてみます。すると、図 4.11 (a) のようなグラフが作成できます。しかしながら、このグラフは図 4.10 (a) と比べると区間が粗すぎて、分布の形は十分にわかりません。スタージェスの公式はあまりうまく機能しないのでしょうか？

　実は、図 4.11 (a) は得点の最小値・最大値を考慮していないために粗くなってしまいました。先の例でのデータの最小値は 42 点、最大値は 96 点でした。つまり 0〜40 点にはまったくデータがありません。この場合、**データの範囲**（range）を考慮してスタージェスの公式を用い、41〜50 点、51〜60 点、61〜70 点、71〜80 点、81〜90 点、91〜100 点の六つの区間にデータを分けることが適切です。このように分割し直した結果を図 4.11 (b) に示します。このグラフは、元の得点傾向を的確に捉えており、データ全体の分布がわかりやすくなっています。

4.4　記述統計の基礎　　39

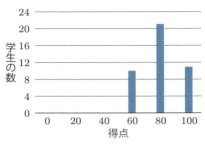
(a) スタージェスの公式から定まる階級幅

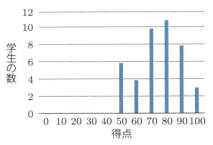
(b) 有効得点範囲を考慮した階級幅

▲図 4.11 スタージェスの公式を利用した階級幅の設定

4.5 推測統計の基礎

4.5.1 推測統計とは

　記述統計の場合は、データ全体を見て、その特徴を統計量で評価することができました。しかし、実際にデータ分析を行う場合、すべてのデータを集められない場合がほとんどです。たとえば、「日本人の身長は、戦後どのように伸びてきたか」を分析するために、過去約 80 年にわたる日本の全人口のデータを準備することはほぼ不可能です。このような場合、一部のデータを用いてデータ全体の特徴を推測する、推測統計という手段が取られます。

　推測統計では、知りたいと思っているデータ全体のことを**母集団**（population）とよび、母集団から選ばれた一部のデータの集合を**標本**（**サンプル**、sample）とよびます。たとえば、日本人から 100 人ずつ、三つの標本を抽出する場合、100 人を標本の大きさ（サンプルサイズ）、三つを標本数（サンプル数）といいます。推測統計の枠組みを図 4.12 に示します。

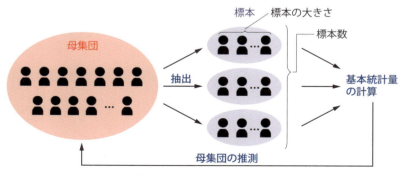

▲図 4.12 推測統計の枠組み

4.5.2 標本を抽出するときのポイント

推測統計においては、標本をどのように抽出するかが大切になります。ここでは2点、重要なポイントを挙げておきます。

- **均等抽出**（systematic sampling）：ビッグデータはカテゴリー別に分けられていることが多く、その場合、データはそれぞれのカテゴリーから均等に抽出しなければなりません。たとえば政府の統計では、日本人の身長のデータは年齢別かつ男女別に分けられています。このデータから高校生の平均身長を求める場合、15〜18歳それぞれの年齢から、男女の偏りなく、均等にデータを抽出しなければなりません。
- **無作為抽出**（random sampling）：各カテゴリーからの抽出は、乱数などを用いた無作為なものでなければなりません。

練習問題 4-3

総務省 e-Stat（`https://www.e-stat.go.jp/`）にはいろいろな統計データが掲載されており、区分けや分類などがとても参考になります。この URL にアクセスして、興味のある統計情報を一つ探し出し、以下に答えなさい。

(1) 統計情報の名前
(2) 統計情報の出典
(3) 統計情報の調査方法
(4) 統計情報からあなたが知ることのできた情報

4.5 推測統計の基礎　　41

第5章 データの頻度を知る：確率の基礎

第1章で説明したように、データサイエンスでは、分析した結果をもとに未来に起こる出来事を予測することで価値が生まれます。このとき、どの程度の割合で未来にその出来事が起こりうるのか、すなわち、確率がとても重要になってきます。この章では、確率の基礎について、中学校の復習も交えて解説します。

この章で学ぶこと
- ☑ 事象の排反性と独立性
- ☑ 確率の加法定理と乗法定理
- ☑ 条件付き確率

事前に調べること
- ☑ 順列と組合せの求め方
- ☑ 確率はどのように計算しますか？
- ☑ 降水確率の算出方法

5.1 試行と事象

5.1.1 データサイエンスにおける確率の役割

「ラッキーナンバーは何ですか？」このような質問に対して、あなたは過去の経験をもとに答えを選んだりすることはありませんか？　それはきっと、過去にあなたがその選択をしてよい思いをしたことがあるからなのでしょう。同様に、データサイエンスでも過去の結果を分析して、知見を導き出します。しかし、データサイエンスの場合は、分析結果をしっかりと説明する責任があり、そのためには確率が必要不可欠です。皆さんが最も耳にする確率は天気予報の降水確率でしょう。「今日の午後に雨が降る確率は80％なので、折り畳みの傘を持参しましょう」という情報を頼りにしている人は多いと思います。この「雨が降る」という情報は、確率があって初めて皆さんの判断の基準となるのです。この確率は、気象庁が長年測定してきた気圧配置や地域のデータをもとに算出されます。データの裏付けがなく、当たるかどうかわからないような予測（確率）では皆さんも信じないでしょう。つまりデータサイエンスにおける確率とは、データを分析して得られた結果の信頼度を測るものであり、データの分析結果を活用する際の意思決定を手助けするものなのです。

5.1.2 試行と事象

確率の基礎的な内容は中学校で学んでいると思いますが、いま一度復習してみましょう。世の中に起こる出来事はほとんどが偶発的な要素を含んでおり、確率はその頻度（起こりやすさ）を表しています。その頻度を表現するために、数学では、以下の二つを区別して扱います。

- **試行**（trial）：同じ条件のもとで繰り返し行うことができる実験や観測のこと。
- **事象**（event）：試行から生じる結果によって定まる事柄のこと。

たとえば、コインを投げることを試行とよび、試行の結果、表が出たり裏が出たりすることを事象といいます。一つの試行に対しても事象にはさまざまな種類があって、トランプのカードを引くという試行に対しては、カードの数字だけでなく、色や模様も事象になりえます。

5.1.3 場合の数

確率を計算するには、その事象の起こりうる場合の総数、すなわち**場合の数**（number of cases）を知らなければなりません。単純に起こりうる場合を数えればよいだけ、と思うかもしれませんが、少し注意が必要です。

たとえば一つの立方体のサイコロを振ったとき、「出た目が2の倍数（偶数）」という事象が起こりうる場合の総数は2, 4, 6の3通りです。また、「出た目が3の倍数」という事象が起こりうる場合の総数は3, 6の2通りです。しかし、「出た目が2の倍数か3の倍数」という事象が起こりうる場合の総数は、これらを合わせた5通りではありません。2の倍数であり3の倍数である6が二重に数えられているからです。このことは、図5.1のようにサイコロの出た目をグループ（集合）に分けると

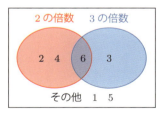 

▲図 5.1　事象で変わるサイコロの目の場合の数

理解しやすくなります。

この章ではまず場合の数の基本を学び、その後に確率を求める練習をしましょう。

練習問題　5-1

(1)　一つのサイコロを 2 回振ったとき、出た目の合計が 8 以上になる場合の数を答えなさい。

(2)　100 の約数のうち、その値が正である場合の数を答えなさい。

(3)　$(a + b + c)^2$ を展開したときに生じる項の数を場合の数として答えなさい。また（　　）^{2} 内の項が n 個のときに生じる項の数を場合の数として答えなさい。

5.2　順列と組合せ

5.2.1　順列と組合せの定義

場合の数は、基本的には、前節のように事象をグループ分けして考えれば求めることができますが、事象の起こりうる場合の数が多くなると、この方法で求めることが大変になります。しかしながらいくつかの特殊な状況においては、場合の数を簡単に求められる方法が知られています。以下では、そのような方法の中でもとくに重要な順列と組合せについて説明します。

まず、順列は以下のように定義されています。

順列（permutation）：n 個の異なるものから r 個を選んで並べたもの。

n 個の異なるものから r 個を選んで並べる順列の総数は、

$$_n\mathrm{P}_r = n(n-1)(n-2)\cdots(n-r+1)$$

で計算される。

たとえば、1 から 10 までの数字が書かれた 10 枚のカードから 3 枚選んで並べるとき、その並べ方の総数は

$$_{10}\mathrm{P}_3 = 10 \times 9 \times 8 = 720$$

と計算されます。

次に組合せです。組合せは、以下のように定義されています。

44　第 5 章　データの頻度を知る：確率の基礎

> **組合せ**（combination）：n 個の異なるものから r 個を選んだもの。n 個の異なるものから r 個を選ぶときの組合せの総数は、
>
> $$_n\mathrm{C}_r = \frac{n(n-1)(n-2)\cdots(n-r+1)}{r(r-1)(r-2)\cdots3\cdot2\cdot1}$$
>
> で計算される。

たとえば、1 から 10 までの数字が書かれた 10 枚のカードから 3 枚選ぶとき、その選び方の総数は

$$_{10}\mathrm{C}_3 = \frac{10\times9\times8}{3\times2\times1} = 120$$

と計算されます。

5.2.2 順列と組合せの違い

上記の例を見てもわかるとおり、順列の場合の数のほうが組合せの場合の数よりも多くなります。その理由は、組合せは選ぶだけですが、順列は選んだ後に並べるためです。上記の例でいえば、10 枚のカードからそれぞれ 1, 2, 3 と書かれた 3 枚のカードの選び方は 1 通りですが、この 3 枚のカードの並べ方は

$$\boxed{1}\,\boxed{2}\,\boxed{3}、\boxed{1}\,\boxed{3}\,\boxed{2}、\boxed{2}\,\boxed{1}\,\boxed{3}、\boxed{2}\,\boxed{3}\,\boxed{1}、\boxed{3}\,\boxed{1}\,\boxed{2}、\boxed{3}\,\boxed{2}\,\boxed{1}$$

と 6 通りになります。

場合の数を求めるとき、求めるものが順列なのか組合せなのか迷ってしまう人がいますが、基本的に組合せは「選ぶだけ」であり、順列は「選んでから並べる」ところに違いがあります。もちろん問題の内容によってはわかりにくいものもありますが、そんなときは「選んだ要素が区別できるか？ 順番を並べ替えたときに意味が変わるか？」と考えれば、順列なのか組合せなのかを見極めることができます。いくつか問題を用意しましたので、練習してみてください。

練習問題 5-2

(1) $_6\mathrm{P}_2$ と $_6\mathrm{P}_4$ を計算して答えを比べなさい。

(2) $_{10}\mathrm{C}_3$ と $_{10}\mathrm{C}_7$ を計算して答えを比べなさい。

練習問題 5-3

(1) 5人の学生から2人を選んで1列に並べるとき、並べ方は何通りか。

(2) 5人の学生から2人を選んでペアを作るとき、選び方は何通りか。

(3) 1から4までの数字が書かれた4枚のカードがあり、ここから1枚取り出し数字を確認し、元に戻して、また1枚取り出すとします。取り出しを3回繰り返して並べるとき、並べ方は何通りか。

(4) 正七角形の頂点を結んでできる三角形の総数はいくつか。

(5) 3人の学生がそれぞれA, B, C, D, Eと記された席に座るとき、その座り方は何通りか。

(6) 男性7人、女性5人の中から、男性3人、女性2人を選ぶ方法は何通りか。

(7) 大小二つのサイコロを振ったとき、出た目の合計が7になる場合の数は何通りか。

(8) 1枚のコインを5回投げたとき、表が2回出る場合の数は何通りか。

練習問題 5-4

(1) 整数 1, 2, 3, 4, 5, 6 から異なる3個の数を選んで3桁の整数を作るとき、

   (a) 整数は全部で何個作ることができるか。

   (b) 偶数は何個作ることができるか。

(2) 大中小の三つのサイコロを振ったときに、

   (a) 出た目がすべて同じである場合の数は何通りか。

   (b) 出た目がすべて異なる場合の数は何通りか。

   (c) 出た目のうち、二つが同じで残り一つが異なる場合の数は何通りか。

(3) 赤玉5個、白玉3個の入っている袋があるとします。

   (a) この袋から同時に2個の玉を取り出すとき、同じ色の玉である選び方は何通りか。

   (b) この袋から玉を1個取り出し、色を調べて袋の中に戻してから、もう一度玉を取り出すとき、取り出した玉が2回とも赤玉である選び方は何通りか。

(4) ジョーカーを除いた 52 枚のトランプから 1 枚を取り出すとき、
  (a) その 1 枚の模様がハートであるか、または 7 以下の数字である場合の数は何通りか。
  (b) その 1 枚がハート以外の模様で、かつ 7 以下の数字である場合の数は何通りか。
(5) 男性 4 人、女性 3 人の計 7 人が一列に並ぶとき、
  (a) 両端が女性になる並び方は何通りか。
  (b) 男女が交互になる並び方は何通りか。

5.3 確率を求める

5.3.1 確率の定義

この節からは、前節までに説明した場合の数の知識を使って確率を求めてみましょう。

ある試行に対し、起こりうるすべての事象が N 通りあるとします。その中の事象 A が $n(A)$ 通りあるとき、事象 A の起こりうる**確率** $P(A)$ を

$$P(A) = \frac{n(A)}{N} \qquad (*)$$

と定めます。ここで、P は確率を示す英語「probability」からきています。

例として、「サイコロを振る」という試行を考えてみましょう。起こりうるすべての場合の数は 6 通り ($N = 6$) です。この中で「1 の目が出る」という事象は 1 通りだけですので $n(A) = 1$ となり、その確率は

$$P(A) = \frac{1}{6}$$

と求めることができます。

5.3.2 確率の値がもつ意味

上のサイコロの例で 1 以外の目が出る確率を計算するとすべて 1/6 となり、図 5.2 に示すように、分布は一様であることがわかります。一方、同じサイコロでも、出た目が 3 の倍数 {3, 6} になる確率を考えると、図 5.3 に示すように分布は一様には

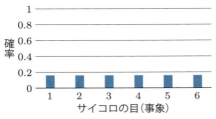
▲図 5.2　サイコロの各目が出る確率

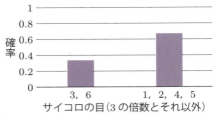
▲図 5.3　出た目が 3 の倍数になる確率

なりません。このように、確率の分布は常に一定ではなく、条件によって変わります。また、確率が各条件で起こる頻度であることに気づくと、この分布は 4.2.2 項で学んだヒストグラムと同じものだとわかります。つまり、ある条件で起こる事象の数を数えていることと理解できます。ただし、すべての確率を合計すると 1 になり、この点がヒストグラムとは異なります。

5.3.3　余事象

すべての確率を合計すると 1 になることを利用して、求める問いに対して相反する事象（**余事象**、complementary event）を用いると、求めたい確率が意外と簡単に求められることは、中学校でも経験したはずです。ここではその方法を復習しましょう。

ここでは例として、「サイコロを 2 回振ったとき、少なくとも 1 回は 1 の目が出る確率」を求めることを考えてみます。「少なくとも 1 回」ということは、この例の場合「1 回もしくは 2 回」ということなので、素直に解くのであれば、以下のケースをすべて計算しなければなりません。

- 1 回目に 1 の目が出て、かつ 2 回目に 1 の目が出る確率は $\frac{1}{36}$
- 1 回目に 1 の目が出て、かつ 2 回目に 1 以外の目が出る確率は $\frac{5}{36}$
- 1 回目に 1 以外の目が出て、かつ 2 回目に 1 の目が出る確率は $\frac{5}{36}$

このようなときに余事象を使うと便利です。具体的には、ある事象 A に対し A の余事象を $\overline{A}$ と表すとき、事象 A の確率 $P(A)$ を、全事象の確率の合計である 1 から余事象の確率 $P(\overline{A})$ を引くことで求める方法です。式で書くと、

$$P(A) = 1 - P(\overline{A})$$

となります。上の例をこの式に当てはめれば、余事象の確率 $P(\overline{A})$ は「2回とも1の目が出ない確率」なので、求めたい確率が

$$P(A) = 1 - \frac{25}{36} = \frac{11}{36}$$

と簡単に計算できます。この例では生じるケースをすべて考えてもそれほど手間ではありませんが、10ケース、100ケースの場合は計算が大変です。ですが、このように余事象を考えれば、100ケースでも1000ケースでも確率が容易に計算できます。

練習問題 5-5

(1) 1から12の数が各面に書かれた、どの目も出る確率が等しい正十二面体のサイコロを1回振ったとき、

  (a) 出た目が3以下になる確率を求めなさい。

  (b) 出た目が6の約数になる確率を求めなさい。

(2) 1から4の数字が書かれた4枚のカードがあり、このカードを続けて2枚引き、最初に引いたカードを十の位、次に引いたカードを一の位として2桁の整数を作ります。ただし、引いたカードは元に戻さないものとします。

  (a) 整数が奇数になる確率を求めなさい。

  (b) 整数が4の倍数になる確率を求めなさい。

(3) 赤玉が2個、青玉が3個入った袋から同時に2個の玉を取り出すとき、

  (a) 赤玉が1個、青玉が1個取り出される確率を求めなさい。

  (b) 赤玉が少なくとも1個取り出される確率を求めなさい。

(4) A, B, C, D, Eの5人の中から議長と副議長を1人ずつくじ引きで選ぶとき、

  (a) Bが副議長に選ばれる確率を求めなさい。

  (b) Cが議長にも副議長にも選ばれない確率を求めなさい。

5.3 確率を求める　49

5.4 加法定理

5.4.1 排反な事象

では、もう少し複雑な事象に対して確率を求めてみましょう。1桁の正の整数（1〜9）から一つの数を選ぶとき、

- 奇数 {1, 3, 5, 7, 9} が選ばれる確率は 5/9
- 偶数 {2, 4, 6, 8} が選ばれる確率は 4/9

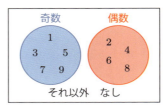

▲図 5.4　奇数／偶数の集合

となり、集合の関係は図 5.4 のようになります。それぞれの確率を足すと 9/9 = 1 になり、奇数を選ぶか偶数を選ぶか以外に事象はないことがわかります。また、奇数を選ぶ事象と偶数を選ぶ事象は同時に発生しません。このような状態のとき、それらの事象は互いに**排反**（exclusive）であるといいます。

N 個の事象が排反で、ほかの事象が存在しない場合、確率の**加法定理**（和の法則、addition theorem）により、以下が成り立ちます。

> N 個の事象が起こる確率
> ＝ 事象 1 が起こる確率 ＋ 事象 2 が起こる確率 ＋ … ＋ 事象 N が起こる確率

これにより、複数の排反事象の合計確率や各事象の確率を容易に比較することができます。

加法定理を理解するために、もう一つの例を考えてみましょう。1桁の正の整数（1〜9）から一つの数を選ぶとき、それが 3 の倍数もしくは 4 の倍数である確率を求めます。この場合、

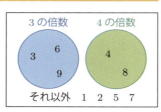

▲図 5.5　倍数の集合

- **事象 1**：3 の倍数 {3, 6, 9} が選ばれる確率は 3/9
- **事象 2**：4 の倍数 {4, 8} が選ばれる確率は 2/9

となり、集合の関係は図 5.5 のようになります。これらは同時に発生しないため排反であり、加法定理により、

$$\text{事象 1 が起こる確率} + \text{事象 2 が起こる確率} = \frac{3}{9} + \frac{2}{9} = \frac{5}{9}$$

50　第 5 章　データの頻度を知る：確率の基礎

となります。これは、

3 の倍数が選ばれる、**または**、4 の倍数が選ばれる確率

と理解することができます。

また、それ以外の数になる確率は 4/9 であり（事象 3）、これらすべての事象の確率を足すと、確かに 1 になることがわかります。

事象 1 が起こる確率 ＋ 事象 2 が起こる確率 ＋ 事象 3 が起こる確率
$= \frac{3}{9} + \frac{2}{9} + \frac{4}{9} = 1$

5.4.2 排反でない事象を含む場合

別の例として、1 桁の正の整数（1〜9）から選ばれた数が 2 の倍数 {2, 4, 6, 8} もしくは 3 の倍数 {3, 6, 9} である確率を求める問題を考えてみます。集合の関係は図 5.6 のようになります。このとき、一つひとつの集合で確率を求めて足すと、

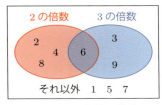

▲図 5.6 倍数の集合

2 の倍数が選ばれる確率 $\frac{4}{9}$ ＋ 3 の倍数が選ばれる確率 $\frac{3}{9}$
＋ それ以外の数が選ばれる確率 $\frac{3}{9} = \frac{10}{9}$

となって合計が 1 を超えてしまいます。これは、図を見てわかるように、両事象に含まれる数 6 が存在するためです。このとき、それぞれの事象は排反でないといいます。排反でないときは、以下のように共通部分の確率を差し引かないと、確率の加法定理が成立しないことに注意してください。

求める確率
＝事象 1 が起こる確率 ＋ … ＋ 事象 N が起こる確率 − **共通部分の事象が起こる確率**

このように、事象が排反かどうかを確認しないと、間違った分析をしてしまう可能性があります。必ず確認するようにしましょう。

練習問題 5-6

(1) 大小二つのサイコロを同時に1回振ったとき、出た目の合計が5の倍数になる確率を求めなさい。

(2) 袋の中に赤玉3個、白玉2個が入っているとき、この中から同時に2個取り出して同じ色の玉が出る確率を求めなさい。

(3) 1から100までの数字が書かれている100枚のカードから1枚を取り出したとき、その数字が3または5で割り切れる確率を求めなさい。

(4) 3枚のコインを投げるとき、少なくとも1枚が表になる確率を求めなさい。

(5) 3台の機械A, B, Cが良品を製造する確率が、それぞれ2/3, 3/4, 4/5であるとします。機械A, B, Cが製品を一つずつ製造したとき、いずれか二つが良品で、残り一つが不良品になる確率を求めなさい。

5.5 乗法定理

5.5.1 独立な事象

前節では、例として、正の整数（1〜9）から一つの数を選ぶとき、それが3の倍数もしくは4の倍数である確率を求めました。ここでは、二つの数を選ぶ場合を考えてみましょう。ただし、2個目の数を選ぶとき1個目と同じ数を選んでもよいものとすると、

- **事象1**：1個目に3の倍数{3, 6, 9}が選ばれる確率は3/9
- **事象2**：2個目に4の倍数{4, 8}が選ばれる確率は2/9

となります。1個目の確率と2個目の確率は、選ぶ順番を逆にしても変わりません。これは、それぞれの事象が**独立**（independent）であるためです。以下のように、独立性には事象に関するものだけではなく、試行に関するものもあります。厳密には使い分けが必要ですが、以降では試行の独立性は扱わず、事象の独立性についてのみ考えます。

- **試行の独立性**：たとえば、サイコロを2回連続で振ったときに、1回目のサイコロの目が何であろうと、2回目のサイコロの目が出る確率には影響しません。このように、各試行が互いに影響を及ぼさない場合、それらの試行は独立であ

るといいます。

- **事象の独立性**：確率を求める複数の事象が互いに影響を及ぼさないとき、それらの事象は独立であるといいます。たとえば、サイコロを2回連続で振ったときに、「1回目に1が出る」という事象と「2回目に1が出る」という事象は、明らかに互いに影響しません。1回目に1が出たからといって2回目に1が出やすくなる（または出にくくなる）とは限らないからです。

独立な事象が起こる確率は、**乗法定理**（multiplication theorem）を用いて計算することができます。この定理によれば、事象 1 から事象 N までのすべての事象が互いに独立であるとき、

> N 個の事象が起こる確率
> ＝ 事象 1 が起こる確率 × 事象 2 が起こる確率 × … × 事象 N が起こる確率

となります。上の例では、

$$\text{事象 1 が起こる確率} \times \text{事象 2 が起こる確率} = \frac{3}{9} \times \frac{2}{9} = \frac{2}{27}$$

となります。これは、

$$\text{3 の倍数が選ばれる、\textcolor{red}{かつ}、4 の倍数である確率} = \frac{3}{9} \times \frac{2}{9} = \frac{2}{27}$$

と理解することができます。

5.5.2 事象の共通部分と乗法定理

3 の倍数と 4 の倍数は事象として共通部分がありませんが、2 の倍数と 3 の倍数は図 5.7 に示すように共通部分が存在します。この部分の確率は乗法定理で求めることができます。

まず、2 の倍数が選ばれる確率は 4/9 で、3 の倍数が選ばれる確率は 3/9 = 1/3

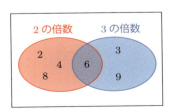

▲図 5.7 二つの事象の共通部分

5.5 乗法定理　　53

でした。ここで、求めたいのは 6 が出る確率ですが、

$$2 \text{ の倍数} \{2, 4, 6, 8\} \text{ のうち、} 6 \text{ が選ばれる確率は } \frac{1}{4}$$

と考えることができるため、その確率は、

$$\text{選ばれた数が } 2 \text{ の倍数であり、かつ、その数が } 6 \text{ である確率} = \frac{4}{9} \times \frac{1}{4} = \frac{1}{9}$$

と計算することができます。これは 3 の倍数で考えても同じで、

$$3 \text{ の倍数} \{3, 6, 9\} \text{ のうち、} 6 \text{ が選ばれる確率は } \frac{1}{3}$$

なので、その確率は

$$\text{選ばれた数が } 3 \text{ の倍数であり、かつ、その数が } 6 \text{ である確率} = \frac{1}{3} \times \frac{1}{3} = \frac{1}{9}$$

となります。このように、乗法定理で二つの集合の共通部分の確率を求めることができます。

練習問題 5-7

(1)　大中小三つのサイコロを同時に振ったとき、少なくとも一つのサイコロが 6 の目になる確率を求めなさい。

(2)　ジョーカーを除く 52 枚のトランプから、A と B の 2 人が順にカードを引くとき、2 人ともハートのカードを引く確率を求めなさい。

(3)　A の袋には赤玉 3 個と白玉 2 個が、B の袋には赤玉 2 個と白玉 4 個が入っています。A からは 1 個、B からは 2 個の玉を取り出すとき、取り出した玉の色がすべて赤となる確率を求めなさい。

(4)　2 枚のコインと 1 個のサイコロを投げるとき、

(a)　コインが 2 枚とも裏になり、サイコロは奇数の目が出る確率を求めなさい。

(b)　コインのどちらかが表になり、サイコロは 3 以上の目が出る確率を求めなさい。

(5)　A, B, C の 3 人が試験に合格する確率を、それぞれ 4/5, 2/3, 1/2 とします。

(a)　3 人とも合格する確率を求めなさい。

(b)　少なくとも 1 人が合格する確率を求めなさい。

One Point　加法定理と乗法定理の違い

　加法定理と乗法定理は複数の事象が現れたとき、その確率を求めるために非常に重要な定理です。しかし、多くの方が理解に苦しむ部分でもあります。ここで改めて 5.5.1 項の例を使って、二つの定理の基本的な考え方について再度説明します。

　3 の倍数と 4 の倍数は共通部分がない、つまり事象としては独立です。そのため、3 の倍数または 4 の倍数を一つ選ぶときは、3 の倍数は 3, 6, 9 の 3 通り、4 の倍数は 4、8 の 2 通り、合わせて 5 通り、というようにそれぞれの場合の数を足し合わせます（下図の左）。これが加法定理の基本的な考え方です。

　一方、1 回目は 3 の倍数を選びかつ 2 回目は 4 の倍数を選ぶときは、3 の倍数 3, 6, 9 の 3 通りそれぞれの選び方に対し 4 の倍数 4, 8 の 2 通りずつある、つまり 3 通りが 2 通りだけあるので全部で $3 \times 2 = 6$ 通り、というようにそれぞれの場合の数を掛け合わせます（下図の右）。これが乗法定理の基本的な考え方です。

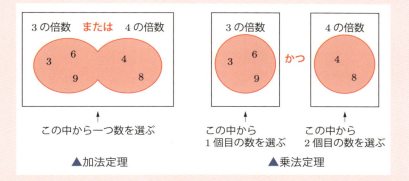

▲加法定理　　　　　　　　▲乗法定理

　これらの基本的な考え方をしっかり理解し、加法定理および乗法定理を適切に使えるようにしましょう。

Coffee Break　樹形図と対応表

　中学校で学ぶ数学では、場合の数や確率を理解しやすいように、さまざまな道具が紹介されています。少し紹介しましょう。

　まず挙げられるのが、**樹形図** (tree diagram) です。いくつか例を挙げてみます。

(1) 大小二つのサイコロを振ったとき、出た目の和が奇数である場合の数を考えます。和が奇数になるのは偶数と奇数が足されたときなので、大きいサイコロの目が偶数のときは小さいサイコロの目は奇数、大きいサイコロの目が奇数のときは小さいサイコロの目は偶数となります。このことを具体的に図に表すと、次のような樹形図となります。

$$
1 \begin{cases} 2 \\ 4 \\ 6 \end{cases} \quad
2 \begin{cases} 1 \\ 3 \\ 5 \end{cases} \quad
3 \begin{cases} 2 \\ 4 \\ 6 \end{cases} \quad
4 \begin{cases} 1 \\ 3 \\ 5 \end{cases} \quad
5 \begin{cases} 2 \\ 4 \\ 6 \end{cases} \quad
6 \begin{cases} 1 \\ 3 \\ 5 \end{cases}
$$

(2) 大中小三つのサイコロを振ったとき、出た目がすべて偶数である場合の数を考えます。三つのサイコロの目の出方は 3 通りあるので、樹形図は次のようになります。

$$
2 \begin{cases} 2 \begin{cases} 2 \\ 4 \\ 6 \end{cases} \\ 4 \begin{cases} 2 \\ 4 \\ 6 \end{cases} \\ 6 \vdots \end{cases} \quad
4 \begin{cases} 2 \begin{cases} 2 \\ 4 \\ 6 \end{cases} \\ 4 \begin{cases} 2 \\ 4 \\ 6 \end{cases} \\ 6 \vdots \end{cases} \quad
6 \begin{cases} 2 \begin{cases} 2 \\ 4 \\ 6 \end{cases} \\ 4 \begin{cases} 2 \\ 4 \\ 6 \end{cases} \\ 6 \vdots \end{cases}
$$

　対応表 (correspondence table) も紹介しておきます。上記の (1) の問題を対応表で示すと、右図のようになります。結果が一目瞭然であり、抜けも出にくいので、頭の中だけで考えるときよりも間違いが少なくなります。

　樹形図や対応表は、場合の数のルールを知るのに役立ちますし、ミスも減らすことができます。ただし、試行や事象が多くなると使えないので、計算で求める方法も習得しましょう。

サイコロ大の目

	1	2	3	4	5	6
1	2	3	4	5	6	7
2	3	4	5	6	7	8
3	4	5	6	7	8	9
4	5	6	7	8	9	10
5	6	7	8	9	10	11
6	7	8	9	10	11	12

サイコロ小の目

二つのサイコロの和

5.6　条件付き確率

5.6.1　事象が独立でない場合

　前節で説明したように、事象が独立の場合、その結果から生じる確率は乗法定理で求めることができました。しかし、複数の事象が独立に見えてもそうでない場合が存在します。次の例題を考えましょう。

> サイコロを 2 回振ったとき、出た目の合計が 8 以上になりました。こ
> のとき、1 回目のサイコロの目が 5 であった確率を求めなさい。

サイコロを 2 回振るという試行に対し、

- **事象 A**：出た目の合計が 8 以上になる
- **事象 B**：1 回目のサイコロの目が 5 である

としましょう。すると、

- **事象 A が起こる確率**：出た目の合計が 8 以上になる 1 回目と 2 回目の目の組み合わせは、$\{2, 6\}$, $\{3, 5\}$, $\{3, 6\}$, $\{4, 4\}$, $\{4, 5\}$, $\{4, 6\}$, $\{5, 3\}$, $\{5, 4\}$, $\{5, 5\}$, $\{5, 6\}$, $\{6, 2\}$, $\{6, 3\}$, $\{6, 4\}$, $\{6, 5\}$, $\{6, 6\}$ の 15 通り。したがって 15/36。
- **事象 B が起こる確率**：1/6

よって、二つの事象が独立と仮定して乗法定理を利用すると、

1 回目のサイコロの目が 5 であり、かつ、出た目の合計が 8 以上になる確率

$$= \frac{1}{6} \times \frac{15}{36} = \frac{15}{216}$$

となります。

しかし、この答えは正しくありません。47 ページの式（＊）で定めたように、確率の分母の数値は「すべての事象の個数」を意味するので、上記で求めた確率は「すべての事象が 216 通りである」ということになります。しかし、例題の文章を確認すると、「出た目の合計が 8 以上となった」と記されており、これらをすべて考えてみると、$\{2, 6\}$, $\{3, 5\}$, $\{3, 6\}$, $\{4, 4\}$, $\{4, 5\}$, $\{4, 6\}$, $\{5, 3\}$, $\{5, 4\}$, $\{5, 5\}$, $\{5, 6\}$, $\{6, 2\}$, $\{6, 3\}$, $\{6, 4\}$, $\{6, 5\}$, $\{6, 6\}$ の 15 通りしかなく、216 通りもありません。つまり「すべての事象の個数」が間違っているのです。

実際は、上記の全 15 通りのうち、事象 B に当てはまるものは $\{5, 3\}$, $\{5, 4\}$, $\{5, 5\}$, $\{5, 6\}$ の 4 通りです。したがって例題の解答は 4/15 となります。

5.6.2 条件付き確率とは

このように、複数の事象が関係する確率を求める問題には注意が必要です。前述の例題は事象 A と事象 B が同時に起こるときの確率を求めるのではなく、事象 A がすでに起こっているという条件のもとで事象 B の起こる確率を求める問題でし

5.6 条件付き確率　　57

 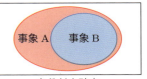

同時確率   条件付き確率

▲図 5.8　同時確率と条件付き確率の違い

た。このように、ある事象が起こったという条件のもとで別の事象が起こる確率のことを**条件付き確率**（conditional probability）といいます。前節まで説明していた同時に起こりうる確率（**同時確率** joint probability）との違いは、図 5.8 のように考えるとわかりやすいでしょう。

条件付き確率は、$P(B|A)$ または $P_A(B)$ と表します。$P(B|A)$ は、英語では「probability of B given A」とよばれるため、「B ギブン A の確率」とよぶこともあります。条件付き確率は、単にある条件下での確率を求めるだけではありません。最終的な確率が計測値などで明らかになれば、逆
にその条件が絞り込めるので、原因を確率的に求められます。これにより、機械の故障条件を推定したり、商品の売り上げが上がる条件を明確にしたりすることができます。

条件付き確率 $P(B|A)$ を求める公式として、次が知られています。

$$P(B|A) = \frac{P(A \cap B)}{P(A)}$$

ここで、$A \cap B$ は中学校で学んだとおり、事象 A と事象 B の共通部分を表します。つまり $P(A \cap B)$ は、「事象 A と事象 B が同時に起こる確率」を意味します。

5.6.3 条件付き確率の求め方

では、前述の例題の条件付き確率を、前項の公式を使って求めてみましょう。

- **事象 A が起こる確率**：前述のとおり $P(A) = 15/36 = 5/12$
- **事象 A と事象 B が同時に起こる確率**：「1 回目のサイコロの目が 5 であり、かつ、出た目の合計が 8 以上になる確率」なので、乗法定理を利用して $P(A \cap B) = 1/6 \times 4/6 = 4/36 = 1/9$

となることから、条件付き確率 $P(B|A)$ は

$$P(B|A) = \frac{P(A \cap B)}{P(A)} = \frac{1/9}{5/12} = \frac{4}{15}$$

となり、先ほど求めた正しい確率と同じになりました。

練習問題 5-8

(1) 一つのサイコロを振ったとき、出た目を見逃してしまいましたが、友人が偶数だと教えてくれました。このとき、出た目が4以上であった確率を求めなさい。

(2) 赤玉5個と白玉3個の入った袋から、玉を1個ずつ計2個取り出すとします。ただし、取り出した玉は元に戻さないものとします。1個目に赤玉が出たときに、2個目も赤玉が出る確率を求めなさい。

(3) ある夫婦の2人の子供のうち、少なくとも1人は男の子ということがわかりました。このとき、2人とも男の子である確率を求めなさい。ただし、男の子が生まれる確率、女の子が生まれる確率はともに 1/2 とします。

(4) 疫病の判定検査で、この疫病は10万人に1人が感染しているとします。「疫病なのに陰性と判定してしまう確率（偽陰性率）」「疫病でないのに陽性と判定してしまう確率（偽陽性率）」はともに0.01であるとします。陽性と判定された人が、本当に疫病にかかっている確率を求めなさい。

5.7 条件付き確率とデータサイエンスの関係

　この章では、場合の数（順列、組合せ）と確率（加法定理、乗法定理）、特定の条件のときに起こる確率（条件付き確率）について学びました。条件付き確率については直感的な理解が難しいため、なぜこのような概念を勉強しなければならないのかという疑問が湧く人がいるかもしれません。しかし、この条件付き確率が、未来を予想するデータサイエンスにとってはとても大切な考えになります。

　条件付き確率 $P(B|A)$ は「条件 A のもとで B が起こる確率」でした。ということは、「A が起こったとき、確率 $P(B|A)$ で B が起こる」というように、将来の予測に使うことができます。たとえば、「体温が40℃以上の患者は、感染症にかかっている確率が50％である」ということから、「体温が40℃以上ある人は、50％の確

5.7　条件付き確率とデータサイエンスの関係　　59

率で感染症にかかっている可能性がある」といえます。また、条件付き確率は時間の流れを逆にたどると事後確率と考えられるため、「感染症にかかっている患者は、50％の確率で40℃以上の発熱が観察される」といったように、現在の結果からその要因を探ることができます。

　実際に条件付き確率を活用するためには、**ベイズの定理**（Bayes' theorem）という発展的な概念を勉強しなければなりません。これは本書の範囲外なので、専門書やインターネットで調べてみてください。ベイズの定理を医療画像処理に用いた例を図5.9に示します。脳の内部を測定したMRI画像（図5.9 (a)）には、腫瘍以外にも多くの構成要素が観察されます。頭蓋骨や正常な脳細胞などは複数のMRI画像に映る確率が高い（前述の条件A）ため、その確率に基づいて偽陰性の影響がなるべく小さくなるしきい値を決定することで、必ず脳腫瘍が含まれる画像（図5.9 (d)）を得ることができます。

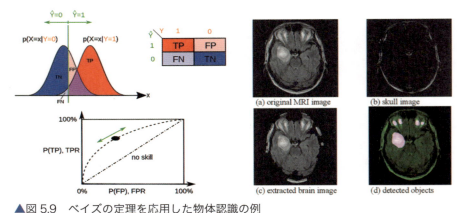

▲図5.9　ベイズの定理を応用した物体認識の例
[F. T. Zaw, et al., Brain tumor detection based on naïve bayes classification, ICEAST, 2019] Nave

第6章 Excelによるデータ処理と簡単な分析

この章では、これまでに学んだ統計や確率を用いて、データの処理や分析方法を、Excelを使って実践的に学びます。実際のデータを使って、データの読み込みから、基本統計量の計算や可視化までを体験しましょう。

この章で学ぶこと
- ☑ データの種類とその定義
- ☑ データの加工方法
- ☑ グラフによるデータの可視化

事前に調べること
- ☑ Excelの基本的な使い方
- ☑ データの前処理の目的は何ですか？
- ☑ CSVとはどのような形式ですか？

6.1 データの種類と分析処理の手順

6.1.1 データサイエンスで扱うデータの種類

世の中の変化を数値で捉えるために、現在ではさまざまなデータが集められ、蓄積されています。たとえば厚生労働省は、全国の小中学校で実施している健康診断のデータを健康・福祉の支援のために収集しています。最近ではCOVID-19の陽性者の状況が医療機関を通じて厚生労働省に集められ、緊急事態宣言を発出するときの判断に使われました。このように収集されるデータは、その目的に応じてさまざまな種類があり、表6.1のように定義されています。

▼表6.1 さまざまなデータの種類とその定義

区分	種類	定義	例
量的データ	比例尺度	原点（ゼロ）があり、数値そのものや、間隔、比率に意味があるもの	身長、体重
	間隔尺度	間隔には意味があるが、原点（ゼロ）や比率には意味がないもの	摂氏温度、偏差値
質的データ	順序尺度	順序に意味はあるが、間隔には意味がないもの	順位、アンケート
	名義尺度	ほかのものと区別・分類するためのものであり、間隔や順序に意味がないもの	性別、血液型

量的データは、数値そのものや数値の間隔をもとに平均や標準偏差といった統計量を計算したり、増減の傾向を分析したりすることに用いられます。一方、質的データはさまざまな種類のデータが混在しているときに、分類したり、整理したりする際に用いられる指標です。調査の目的に対してどちらのデータが必要なのか、また、データの種類によって扱い方が異なることに注意しましょう。

6.1.2　データ分析で行う処理

　これから学ぶことは、データサイエンスの全体サイクルでいえば、1.3 節で説明した「④データ分析」の部分です。データ分析で行う処理を図 6.1 に示します。

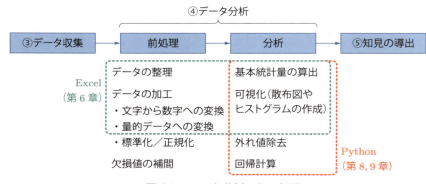

▲図 6.1　データ分析で行う処理

　通常、収集データにはいろいろな種類のものが含まれているため、そのまま処理を行うと、目的とは異なる結果が出てしまうことがあります。そのためデータサイエンスにおいては、入手したデータを前処理することが必要不可欠です。前処理では、どんなデータが得られているのか、分析に向いているのかどうかを判断する必要があるため、データを一覧で眺めることができる Excel などの表計算ソフトが向いています。

　一方、数万から数十万個のデータの処理になると表計算ソフトでは対応が難しくなるので、そのようなときは Python などのプログラミングを用いて分析処理を行ったほうが効率的です。

　本書ではどちらの処理も学ぶことができるように、第 6 章では前処理と簡単な分析を Excel で行い、第 8 章では Python で同様の処理を体験します。そして第 9 章においてさらに高度な Python の処理を学ぶことで、一連のデータ分析技術を修得

していきます。

> **One Point** なぜ Excel と Python を両方学ぶの？
>
> 　読者の皆さんには、「なぜ高度なデータ分析を行える Python で最初から説明しないのか」と疑問をもつ方がいるかもしれません。しかし Excel にも統計や確率の簡単な計算ができる機能は備わっていますし、何よりデータの全体を見渡し、簡単に可視化できる点はむしろ Python より優れています。また、ソルバーやマクロを使うことにより、高度な計算や繰り返し処理を行うこともできます。ただし、Excel はマイクロソフト社の製品であるため、アプリケーションを購入しなければなりません。
>
>
>
> 　データの可視化　　　ソルバー機能　　　マクロ作成機能
>
> 　一方、大量のデータに対して複雑な計算を行う場合は、さまざまな方法を利用して高速で計算できる Python が優位です。Python はオープンソースで提供されているツールで、誰でも無料で扱うことができるのも魅力の一つです。しかし、基本的にはプログラミング言語の一つですので、決められたルールに従ってプログラムを作成していかなければなりません。
>
> 　このように各ツールにはメリット／デメリットがあるので、皆さんはいずれの方法でも基本的なデータ処理ができるようになる必要があります。そのうえで、少数のデータの概要把握や前処理は Excel、整った大量のデータの処理はPython と使い分けをするのが現実的でしょう。
>
>

6.2 データの読み込み

6.2.1 データの免責項目の確認

　以降では、具体的なデータに対してその活用方法を学びます。ここでは、インターネット上で公開されているプロ野球選手のデータ（https://baseball-data.com/）を用います。

　ここで、運営するサイトの免責項目には、

免責事項

● 当サイトが提供する情報及びサービスは、ご自身の責任と判断においてご利用ください。

● 当サイトに掲載されている情報の内容に関しましては、最新かつ正確な提供を努めておりますが、必ずしもそれを保証するものではございません。

● また、当サイト及びリンク先のサイトご利用時において利用者が被った損害に対しては、当方はいかなる責任も負わないものといたします。

● 本サイトのコンテンツは、予告なしに変更または削除する場合があります。

との記載があるので、このデータを使って分析を進めることは問題ありません。しかしこのデータをもとに分析した結果は各個人の責任となるため、その結果をホームページや SNS で発信することはしないでください。

6.2.2 データのダウンロード

　上記サイトから直接データを取得するのは少し技術がいるため、2021 年のデータを https://github.com/DsTMCIT/DS に置いてあります。これを自分のパソコンへダウンロードしてください。続いて、そのファイルをダブルクリック（すばやく 2 回クリック）して Excel で開いてみてください。

　Excel で開くと、図 6.2 のように、A 列には番号ラベルが、1 行目にはデータの説明が記載されています。よって、分析を行うデータは B 列 2 行目からとなります。データには選手名、チーム、年齢などが記載されています。また、471 人の選手の情報が集められていることがわかります。

64　　第 6 章　Excel によるデータ処理と簡単な分析

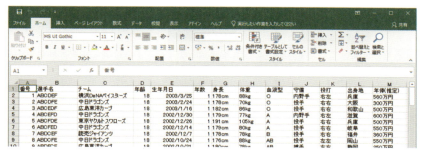

▲図 6.2　サンプルファイルをダウンロードして Excel で開いた結果

練習問題　6-1

サンプルファイルのそれぞれのデータについて、表 6.1 の定義に基づき、種類を答えなさい。

6.3　データの整理

6.3.1　分析に必要なデータの選択

　データの一覧を眺めながら、まずは**処理や分析の目的を定めること**が重要です。今回は「**プロ野球選手とはどのような能力、素養をもった人たちなのか**」を考えることとします。すると、データには重複や目的に関係がない情報が含まれていることがわかります。たとえば、年齢と生年月日は同じ情報ですし、投打や出身地は野球の能力とあまり関連がないと考えられます。データサイエンスではこのような**情報の取捨選択**が重要です。目的に無関係と考えられるデータは除外したいので、削

▲図 6.3　不要な列の削除①

6.3　データの整理　　65

削除前

削除後

▲図 6.4　不要な列の削除②

除したい列全体を選択して削除します（図 6.3、図 6.4）。なお、違う列を削除してしまったら、直後に元へ戻す操作（Ctrl＋Z）をすれば、やり直すことができます。

6.3.2　データの並び替え

　続いて、各データを細かくチェックしていくと、「血液型」の項目が「不明」になっている選手がいることに気づきます。このように情報がないデータを**欠損データ**（missing data）とよびます。ここで質的データは修復できないので、欠損データを含む行は分析から除外することとします。まずはデータの並び替え（ソート）をして、それから不要な行をすべて削除します。

　Excel には並び替えの機能が備わっています。図 6.5 のように、ホームタグの右側にある［並び替えとフィルター］をクリックして、［ユーザー設定の並び替え］を選択します。

　そうすると、図 6.5 に示す並び替えの設定画面が出てくるため、［最優先されるキー］を血液型である「血液型」（または「列 H」）に変えて、［OK］をクリックします。その結果、図 6.6 に示すように、データの最下部に「不明」が集まってくるので、これらを一斉に削除します。削除後に再び「番号」で並び替えることで、す

66　第 6 章　Excel によるデータ処理と簡単な分析

べての有効な情報が揃ったデータファイルを準備することができました。この状態で一度、上書き保存を行ってください。

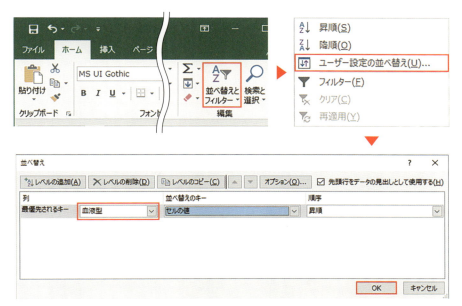

▲図 6.5　データの並び替え

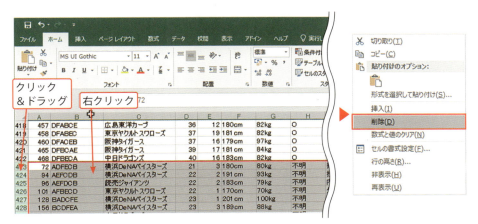

▲図 6.6　並び替えで集約された欠損データの削除

6.3　データの整理　　67

6.4 データの加工

6.4.1 文字から数値への変換

　早速分析を始めたいのですが、ファイルにはこのままでは計算ができないデータが含まれています。このようなデータが計算可能になるように加工してみましょう。まず、文字列を数値に変換する方法を学びます。

　6.2 節でダウンロードしたファイルのデータを詳しく見ると、身長、体重、年俸の列の数値には単位が付いています。これらは文字列として認識されているため、数値のみに変更します。まず、図 6.7 に示すように、変換作業で元のデータを壊してしまわないようにデータの複写を行います。具体的には、F 列（身長の列）をすべて選択してコピーし、空白の L 列に貼り付けます。

▲図 6.7　列のコピー＆貼り付け

　次に図 6.8 に示すように、L 列を選択したまま、データタグの［区切り位置］をクリックします。

▲図 6.8　区切り位置の指定

すると、図 6.9 に示すウィザードが現れるので、以下の順序で操作します。

❶　［カンマやタブなどの区切り文字によってフィールドごとに区切られたデータ］

68　第 6 章　Excel によるデータ処理と簡単な分析

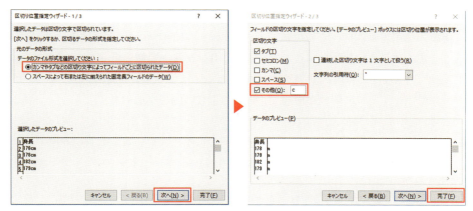

▲図 6.9　区切り位置のウィザード

にチェックを付け、［次へ］をクリックする。

❷ ［その他］にチェックを付け、消したい文字の初めにある半角文字「c」を入力する（プレビューで数値とmが分離していることを確認する）。残りのウィザードは必要ないため、［完了］をクリックする。

　数値だけ抽出できたら、図 6.10 に示すように、その数値を F 列（元の身長の列）へ貼り付けます。また、余分なデータが残らないように、作業が終了した部分（L 列、M 列）は削除しておきましょう。

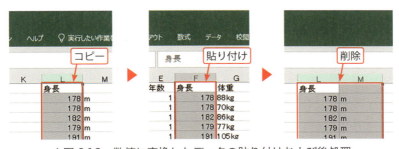

▲図 6.10　数値に変換したデータの貼り付けおよび後処理

練習問題 6-2

　同様の処理を、体重、年俸にも行ってみましょう。体重は「k」を、年俸は「万」を区切り文字として入力してください。

6.4　データの加工　69

6.4.2 量的データへの変換

前項の加工で量的データは準備できましたが、質的データは文字列のままです。そこで質的データに数値を割り当てます。これは**ダミー変数**（dummy variable）への変換で、Excelではこの変換を支援するために、VLOOKUP関数というものが用意されています。この関数を使って、以下のように処理を進めます。

まず、チーム、血液型、守備の各文字列に量的データ（ここでは任意に付けた数値）を対応させたテーブルを用意します。そして、たとえばチームを数値に変換する場合は、VLOOKUP関数を以下のように指定します。

VLOOKUP(各選手のチーム名，用意したテーブルの範囲，
テーブル中の数値列の番号，FALSE)

これにより、チームが数値に変換されます。血液型、守備にも同様の処理を行った結果を図6.11に示します。

▲図6.11　チーム、血液型、守備を量的データに変換した結果

練習問題 6-3

チーム名を量的データに変換したシートを https://github.com/DsTMCIT/DS からダウンロードし、それを参考に血液型、守備も量的データに変換しなさい。

One Point 〉正規化・標準化

　データサイエンスでは、各評価項目の尺度が異なると正しい分析を行えないことがあります。たとえば、体重と身長では平均値も分散量も異なります。このような異なる尺度でも比較するための前処置として、以下の二つがあります。

- **正規化**（normalization）：最小値 0 〜最大値 1 の範囲に変換する
- **標準化**（standardization）：平均値 0、分散 1 に変換する

　正規化はすべての値が 0 〜 1 の範囲内に収まるので、各評価項目で比較ができるだけでなく、計算のコストを下げることができます。一方、標準化は各評価項目の分布を同じにするため、それぞれの影響具合が均等になるメリットがあります。ただし、正規化は最大値および最小値が決まっていないと計算できません。そのため、基本的には標準化を利用します。

One Point 〉欠損データの補間

　この章の例ではデータの総数に対して欠損データが少なかったので 6.3 節で一括削除しましたが、その割合が大きい場合は、以下のような方法で欠損データを補う必要があります。

- **平均値代入法**（mean imputation）：前後のデータの平均値を代入する
- **回帰代入法**（regression imputation）：回帰モデル（9.2 節参照）を計算して、その推定値を代入する
- **ホットデック法**（hot deck method）：特性が似ている標本データを見つけて、その値を代入する

　いずれの方法も誤差を含む結果とはなりますが、分析の目的や状況に合わせて適用していきます。なお、誤差が少ない厳密な分析が必要な場合は、欠損データを削除してしまい、新たに測定したデータを追加したほうがよいでしょう。

6.4　データの加工　　71

6.5 データの保存

最後に、加工したデータを Excel 以外のプログラムでも利用できるように、汎用データ形式で保存しましょう。

保存に先立ち、ワークシートの整理をします。まず、6.4.2 項の量的データへの変換で使用したテーブルは不要となるので、図 6.12 のように列ごと削除します。

▲図 6.12　量的データへの変換で使用したテーブルの削除

次に、選手名はデータとして必要ですが、文字列であるため、統計的な分析には使用しません。そこで、図 6.13 のように選手名の列（B 列）を移動します。B 列を選択して右クリックして［切り取り］を選択します。そして K 列を選択して、右クリックして［切り取ったセルの挿入］を選択します。そうすると選手名が一番右側に移動します。

Excel には非常に多くの保存形式がありますが、今回は Python などでの利用を想定して、いろいろなアプリケーションで読み込むことが可能な **CSV**（Comma Separated Value、コンマ区切り）形式で保存します。具体的には、図 6.14 に示すようにファイルタブから［名前を付けて保存］を選択し、［ファイルの種類］として［CSV（コンマ区切り）］を選択します。

ファイルは保存されましたか？　なお、CSV ファイルはメモ帳などでも開くことができて、図 6.15 に示すように、カンマで区切られたデータの並びとなっています。

72　第 6 章　Excel によるデータ処理と簡単な分析

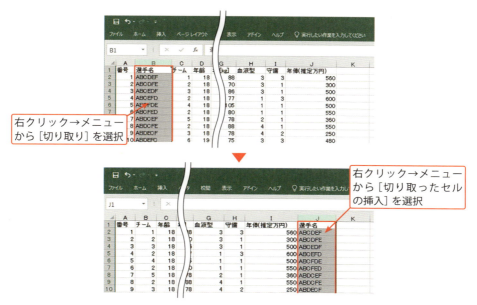

▲図 6.13 選手名を一番右側へ移動

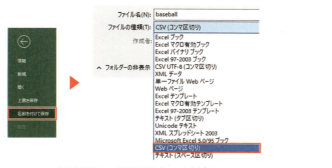

▲図 6.14 CSV 形式での保存

▲図 6.15 CSV ファイルをメモ帳で開く

6.5 データの保存 73

6.6 データの簡単な分析

データの分析においては、Excel でもさまざまなことができます。ここではまず基本統計量を計算して、データの概要を把握してみましょう。また、散布図やヒストグラムも作成してみましょう。

6.6.1 基本統計量の計算

前節で整理した Excel ファイルを用います（https://github.com/DsTMCIT/DS から baseball.csv をダウンロードできます）。

まず、基本統計量を算出するためのスペースをファイル内に確保します。図 6.16 のように、先頭 7 行に空行を挿入しましょう。

続いて、図 6.17 に示すように、チームの列（B 列）にそれぞれの基本統計量の名称を記入して、年齢の列（C 列）にそれぞれの統計量を計算する関数を入力します。

▲図 6.16　作業スペース（先頭 7 行）の確保

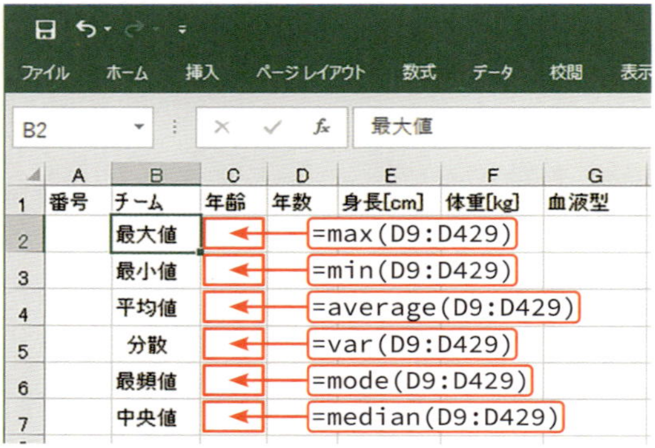

▲図 6.17　基本統計量を計算する関数の入力

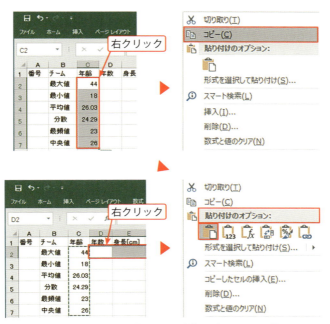

▲図 6.18　基本統計量の計算を全項目へ展開

年齢以外の項目についても、図 6.18 に示すように、コピー＆貼り付けで関数を展開します。

ここで、計算結果の図 6.19 を少し眺めてみましょう。年齢の平均は 26 歳程度ですが、年数の平均は 5.9 年と、選手である期間が非常に短いことがわかります。平均身長は約 180 cm で平均体重は約 84 kg と、やはり体格は日本人の平均値（25 歳男性の平均身長 171.3 cm、平均体重 63.6 kg、2019 年国民健康・栄養調査より）を大きく超えて

	B	C	D	E	F	G	H	I
1	チーム	年齢	年数	身長[cm]	体重[kg]	血液型	守備	年俸(推定万円)
2	最大値	44	21	252	106	4	4	80000
3	最小値	18	1	133	65	1	1	240
4	平均値	26.03	5.90	180.22	84.02	2.16	2.00	3611.45
5	分散	24.29	19.68	43.80	52.70	1.08	1.36	55798836.13
6	最頻値	23	1	180	85	1	1	550
7	中央値	26	5	180	84	2	1	1200

▲図 6.19　基本統計量の計算結果

6.6　データの簡単な分析　　75

います。一方、年俸の分散は非常に大きく、ばらつきが大きいことがうかがえます。

6.6.2 散布図の作成

　残念ながら、前項で扱ったような基本統計量を眺めていてもデータの分布や傾向まではわかりません。データを直感的に把握するには、グラフによる可視化が有効です。Excel ではさまざまなグラフが作成可能ですが、ここではよく使われる散布図を作成してみましょう。

　散布図は 2 種類の項目を横軸と縦軸に設定し、各データを打点（プロット）したグラフです。まずは図 6.20 のように、身長と体重のデータを選択してみましょう。そして、図 6.21 のように挿入タブの［散布図］から［点表示］を選択すると、散布図が作成されます。

　作成した散布図は自動で目盛りが設定されていますが、あまり見やすい表示ではありません。また、軸の説明がないため、どちらの軸が身長でどちらの軸が体重なのかわかりにくくなっています。そこで、次はわかりやすくなるように散布図の設定を変更します。

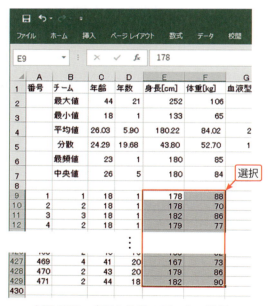

▲図 6.20　身長と体重のデータの選択

76　第 6 章　Excel によるデータ処理と簡単な分析

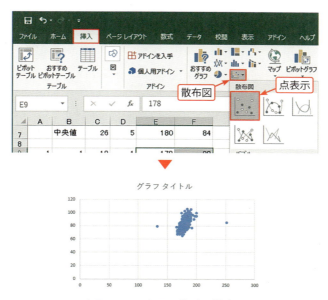

▲図 6.21 身長と体重の散布図

①軸の設定変更

表示された散布図を選択して、横軸・縦軸の数値をダブルクリックしてみましょう。すると図 6.22 のように軸の書式設定が出現するので、データの範囲を参考にしながら最小・最大値を決めましょう。

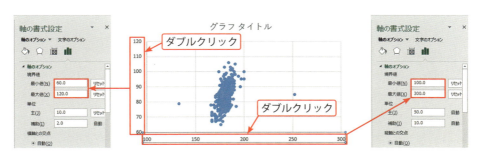

▲図 6.22 散布図の横軸・縦軸の範囲設定

②軸ラベルの入力

散布図を選択して、図 6.23 のようにデザインタブの［グラフ要素を追加］から［軸ラベル］を選択すると、軸ラベルが生成できます。図 6.20 からわかるように、今回、横軸は身長、縦軸は体重なので、そうなるように各軸ラベルを入力します。

▲図 6.23　散布図の横軸・縦軸のラベル入力

この結果、図 6.24 に示すような散布図が完成します。

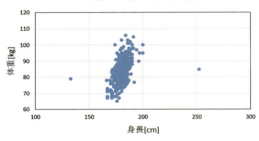

▲図 6.24　修正後の散布図

練習問題 6-4

ほかの量的データの項目間、たとえば年齢と身長、年齢と体重についても、散布図を作成してみましょう。

🖐 One Point　グラフの書式設定

Excel のグラフはさまざまな書式の設定が可能です。たとえばグラフのマーカーの形や色は、以下のようにして自由に変更することができます。

▲グラフのマーカーの形や色の変更①

78　第 6 章　Excel によるデータ処理と簡単な分析

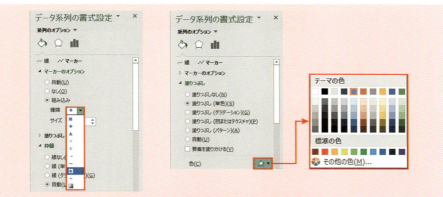

▲グラフのマーカーの形や色の変更②

　このような変更は、たとえば以下のように複数のデータを同時に表示したい場合に有効です。可視化では見やすいグラフを作ることを心掛けましょう。

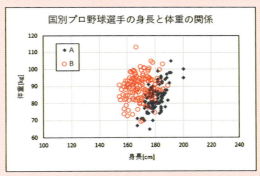

▲複数データのわかりやすい表示

6.6.3 ヒストグラムの作成

　前項までに示したように、Excelでデータ分析を行うことの利点の一つは、基本統計量の計算やグラフの作成が容易にできることです。次は、散布図と同じくらいデータ分析によく用いられるヒストグラムを作成してみましょう。

　ここでは身長のデータのヒストグラムを作成します。まず、図6.25に示すように、身長のデータ部分を選択して、挿入タグの［グラフ］の右下にある拡張ボタンをクリックします。するとグラフの挿入画面が現れるので、［すべてのグラフ］から［ヒストグラム］を選択します。

　ここまでの操作で、Excel標準仕様のヒストグラムが作成できますが、よりわか

6.6　データの簡単な分析　　79

▲図 6.25　身長データのヒストグラム作成

りやすくなるように修正していきましょう。図 6.26 に示すように、まずは横軸の数値の部分をダブルクリックして軸の書式設定を表示します。

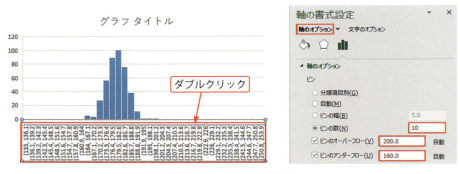

▲図 6.26　軸の書式設定

次に、4.4.4 項で用いたスタージェスの公式に基づき、階級幅を設定します。階級幅の設定では階級の下限、上限、個数を決めます。今回の例では下限を 160 cm、上限を 200 cm とするため、[軸のオプション]のアンダーフローとオーバーフローの枠に、それぞれの値を代入します。また、データの総数は 420 なので、スタージェスの公式から、階級の個数は $1 + \log_2 420 \fallingdotseq 9.71$ と計算されます。この値を四捨五入した「10」を[ビンの数]に入力します。

80　第 6 章　Excel によるデータ処理と簡単な分析

さらにグラフのタイトルおよび軸ラベルの入力を行うことにより、最終的には図6.27に示すようなヒストグラムが完成します。

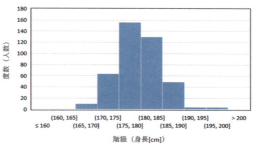

▲図 6.27　修正後のヒストグラム

練習問題 6-5

ほかの量的データの項目（体重、年俸など）についても、ヒストグラムを作成してみましょう。

Coffee Break　ヒストグラムの形状から事象を推測する

ヒストグラムの度数（縦軸）を「その事象が起こる確率」として見ると、その形から事象の種類を推測することができます。たとえば、以下の分布からは次のような推測ができます。

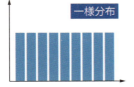
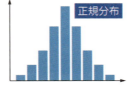
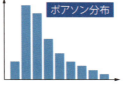

▲ヒストグラムの形状から事象を推測する

このように階級に対する度数を可視化するだけでも非常に多くのことを知ることができるため、「データはまず可視化」という習慣を身につけておきましょう。

6.6　データの簡単な分析　　81

第7章 Python によるプログラミング

第8章と第9章では、Python を使ったデータ分析の方法について学びます。プログラミング自体に慣れていない人も多いと思いますので、まずこの章ではプログラミングの初歩を解説します。

この章で学ぶこと
- ☑ Google Colaboratory の使い方
- ☑ プログラミングの基礎
- ☑ アルゴリズムの基礎

事前に調べること
- ☑ Python とはどのような言語ですか？
- ☑ Google Colaboratory とは何ですか？
- ☑ アルゴリズムとは何ですか？

7.1 Python について

少ないデータで簡単な統計処理を行う場合には、Excel でも十分な分析が可能です。しかし、データの数が多く、複数の処理を多用するような場合は、プログラミングを行って分析を進めることをお勧めします。

データ分析を行うことができるプログラミング言語にはさまざまな種類がありますが、本書では最近普及が著しい Python を用いて処理を進めていくことにします。Python は**オブジェクト指向型言語**（object-oriented language）とよばれ、基本的なプログラミングに加え、**ライブラリ**（library）とよばれる便利な関数群を用いて簡単に分析を実行できます。

▲ Python のロゴ

7.1.1 バージョンについて

Python を使う場合はバージョン情報に注意しましょう。現在では 2008 年に登場した Python 3 が主流ですので、本書もそれに従います。ただし、ウェブ上には Python 2 で作成されたプログラムもまだ存在しています。Python 2 と Python 3 では書き方がまったく異なるので、プログラムのバージョン情報は必ず確認するようにしましょう。

参考までに、2024 年 8 月時点のリリース状況を表 7.1 に示します。最新のバージョンだとバグが含まれている場合もありますが、2〜3 年前にリリースされたバージョンであれば大きな問題は発生しません。

▼表 7.1　Python 3 のバージョン一覧
　　　　［Python 公式サイト：https://www.python.org/downloads/］

バージョン	保守・状態	リリース時期	サポート終了
3.12	バグ修正中	2023/10/2	2028/10
3.11	安定提供	2022/10/24	2027/10
3.10	安定提供	2021/10/4	2026/10
3.9	安定提供	2020/10/5	2025/10
3.8	安定提供	2019/10/14	2024/10

7.1.2　文字コード

Python をはじめとするプログラミング言語は全世界で利用できることを目的としているので、基本的にアルファベット（正式には Unicode 文字）でしかコードを作成できません。そのため、図 7.1 に示すように、入力は常に半角英数字を用い、プログラム名なども英語表記としましょう。また、プログラムのコメント（補足説明）は日本語でも記述可能ですが、半角と全角の切り替えでミスが起こることがあるため、英語で書き込むように努力しましょう。

▲図 7.1　Python のプログラム

7.1.3　編集ソフトウェア

Python をはじめとするプログラミング言語のほとんどは、プログラムを記述するための編集ソフトウェア（エディタ）が必要になります。たとえば、自分のパソコンに Python をインストールすると、Jupyter Notebook というエディタが同封されています。しかし Jupyter Notebook を使うには初期段階でさまざまな設定が必要なため、初めてプログラミングを行う人にはややハードルが高いかもしれません。

そこで、本書ではウェブ上でプログラムが実行可能な Google Colaboratory というサービスを使います。Google Colaboratory は初期設定なしで使用できるとともに、エディタの機能も備えています。よってプログラミング初心者でも、インターネット環境があれば、簡単に

▲Google Colaboratory のロゴ

7.1　Python について　　83

Pythonを使うことができます。しかしながら、何も操作せずに90分経つとリセットされたり、処理がインターネット回線の速度に依存したりといった欠点もあるので注意してください。

7.1.4 Google Colaboratoryの起動

　Google Colaboratoryを動かすには、インターネット環境とGoogleアカウントが必要となります。アカウントがある場合は、図7.2のように各自のメールアドレスとパスワードでログインしましょう。アカウントがない場合はまず作成してからログインしてください。

▲図7.2　Googleアカウントにログイン

　続いて、Google Chromeで新しいウィンドウを開いて、URL欄に以下を入力します。

$$\text{https://colab.research.google.com/}$$

すると、図7.3に示すような画面が出てきますが、［キャンセル］をクリックし

▲図7.3　初期表示画面

84　第7章　Pythonによるプログラミング

▲図7.4　Google Colaboratoryのスタート画面

てください。すると、図7.4のようなスタート画面が表示されます。

7.1.5 プログラムの作成・管理

　Google Colaboratoryを用いたプログラミングは「ノートブック」とよばれる作業ファイルを作成することから始めます。

　まず図7.5のように［ファイル］から［ドライブの新しいノートブック］を選択してノートブックを作成し、その後にタイトルを変更します。図7.6のように「Untitled0」の部分にカーソルを移動してクリックすると変更できます。ここでは

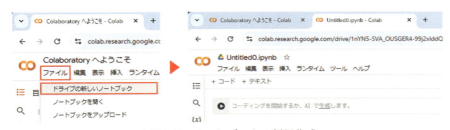

▲図7.5　ノートブックの新規作成

▲図7.6　ノートブックのタイトル変更

7.1　Pythonについて　　85

「test000」と名付けます。このファイルは各自のGoogle Driveに自動的に保存されるので、再度Google Colaboratoryを開いたときに簡単にアクセスできます。

> **練習問題 7-1**
>
> 各自のGoogle Driveを起動して、保存したファイル（`test000.ipynb`）のある場所を確認してください。

7.2 プログラミングの基礎①：数の扱い

7.2.1 簡単な計算の実行

この節では、Pythonでプログラムを作成するための基本事項を学びます。Google Colaboratoryを電卓のように使って慣れることから始めましょう。

まず、ノートブックの1行目に「7+8」と入力します。そして、左上にある ▶ （実行ボタン）をクリックします。図7.7 (a) のように結果が表示されれば成功です。1行目の入力で、たとえば「+」を半角ではなく全角で入力すると、図7.7 (b) に示すようなエラーメッセージが現れるので注意しましょう。**プログラミングは半角入力する**という習慣を身につけましょう。

(a) 成功　　　　　　　　　　(b) エラー

▲図7.7　ノートブックのテスト

7.2.2 算術演算命令

Pythonの算術演算を表7.2に示します。この中にはプログラミングを初めて行う人にとっては見慣れない演算も含まれていますが、実際に試してみると、どのようなものか理解できると思います。たとえば、8%3は8を3で割ったときの余り2が出力され、2**2は2の2乗である4が出力されます。

▼表 7.2　算術演算命令

演算	式	説明
加算	a+b	aとbを足し算
減算	a−b	aからbを引き算
乗算	a*b	aにbを掛け算
除算	a/b	aをbで割り算
剰余	a%b	aをbで割った余り
べき乗	a**b	aをb回掛ける

練習問題　7-2

Python を使って、以下の演算を実行しなさい。
(1)　$5 \times (-4 + 2) \div 2$
(2)　$(3 + 2)$ を 3 で割ったときの余り
(3)　2 の 12 乗

7.2.3　さまざまな数値の型

Python では整数だけでなく、小数も扱うことができます。図 7.8 のように、割り算や小数を利用した計算も簡単に実行することができます。

▲図 7.8　小数の計算

ここで注意が必要なのは、小数の表現には限度があるということです。コンピュータの演算では無限の桁数を扱うことはできないので、必ず**丸め誤差**（rounding error）や**打ち切り誤差**（truncation error）が含まれることを念頭に置かなければなりません。そのため、プログラミングするときは、整数のみを扱ってよいのか、小数で精度を確保しなければならないのかを意識する必要があります。このような判断を助けるために、Python では数値の型として**整数型**（integer type）と**実数型**（real number type）を用意しています。Python では何も指定しなくても自動で適した型を当てはめてくれますが、意識的に型を変更したい場合には、図 7.9 に示すような**キャスト演算子**（cast operator）という命令が準備されています。小数点を

▲図 7.9　キャスト演算子を用いた、数値の型の変換

含む計算結果で整数のみ必要な場合には int( ) で囲みます。逆に実数の結果が必要な場合には、float( ) で囲むことで変換を行ってくれます。

練習問題 7-3

Python を使って、以下の演算の結果を比較しなさい。
(1)　2×3 と 2.0×3
(2)　0.1 + 0.1 と 0.1 + 0.1 + 0.1
(3)　int(7.2)*6 と int(7.2×6)
(4)　(10/100)×(100/10) と (19/155)×(155/19)

7.3　プログラミングの基礎②：プログラムの作成

7.3.1　データ分析の流れ

プログラミングによるデータ分析では、プログラムを自分で作成して分析を行うため、Excel で分析を行うときよりも詳細に分析の流れを知る必要があります。図 7.10 に、データ分析の流れを示します。

まず「データの入力」では、さまざまな形式でプログラムにデータを読み込みます。一般的にはファイルから読み込みますが、IoT 機器などはデータがメモリに直接格納されることもあります。続く「データの解析」では、読み込んだデータから

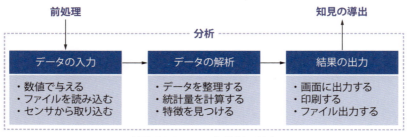

▲図 7.10　データ分析の流れ

重要な部分を抽出して整理したり、統計量を計算したりします。データの傾向などの特徴を見つけるアルゴリズムの適用も、ここに含まれます。最後の「結果の出力」では、得られた結果を何らかの形で表現します。一般的には画面にグラフや数値で出力しますが、結果が大量になる場合は、印刷物やファイルとして出力することもあります。

7.3.2 変数の導入

プログラム作成の手順を学ぶために、以下の問題を考えましょう。

> 1個120円のリンゴを5個、1個150円の桃を2個、購入するために1000円を支払いました。返却されるおつりはいくらでしょうか？

7.2節で学んだ簡単な算術演算を用いると、上記の問題は図7.11 (a) のように書けます。しかし、これでは果物の値段や購入個数が変わるたびに計算式を書き換えなければなりません。そのような面倒な作業を避けるために、プログラムの計算式では数値を直接扱うのではなく、データを入れておく箱、**変数** (variable) を用います。変数を用いて書き直したプログラムを図7.11 (b) に示します。ここではリンゴの単価を ap_p、リンゴの個数を ap_n、桃の単価を pe_p、桃の個数を pe_n、そしてもっているお金を money という名前の変数に置き換え、おつりは最後の式で計算しています。

(a) 数値をそのまま入力した場合　　(b) 変数を活用した場合

▲図7.11　計算式の表現

7.3.3 結果の出力

変数を用いれば、変更したい数値を変えるだけで、計算式自体は変えなくて済みます。また、得られた結果も変数に入れておくと、次のプログラムに使用することができます。図7.12 (a) では、おつりが charge という変数に代入されています。また、このプログラムでは、**print** という**関数** (function、メソッドともよぶ) を用いて、変数の内容を画面に出力しています。関数とは定められた処理を実行する

7.3　プログラミングの基礎②：プログラムの作成　　89

```
ap_p = 120              ap_p = 120
ap_n = 5                ap_n = 5
pe_p = 150              pe_p = 150
pe_n = 2                pe_n = 2
money = 1000            money = 1000

charge = money - (ap_p*ap_n + pe_p*pe_n)    charge = money - (ap_p*ap_n + pe_p*pe_n)
print(charge)           print('OTSURI = ', charge)

100                     OTSURI =  100
```

　　　　(a)　説明なし　　　　　　　　　　(b)　説明付き

▲図 7.12　結果を表示するプログラム

命令のことで、以下のような形式になります。

$$返り値 = 関数(引数1, 引数2, \ldots, 引数n)$$

返り値（return value）とは、関数の実行結果として戻ってくる値のことです。たとえば、関数 max は最大値を戻します。一方、print などの入出力関数は、エラーが起こったときのみ返り値を戻します。また**引数**（argument）とは、関数を実行するために与える値や設定のことです。関数にどのような引数があるかは、そのつど調べてください。

　おつりを表示するだけでなく、それが何を示すのかについて説明を加えたプログラムを図 7.12 (b) に示します。**シングルクォーテーション(' ')で囲むことで説明文を表示**でき、出力結果がよりわかりやすくなります。

　プログラムが完成したら、図 7.13 のように保存しておきましょう。保存操作は習慣化しておくとよいでしょう。そうすれば、図 7.14 のようにして、どこでも同じプログラムを再読み込みすることができます。

▲図 7.13　プログラムの保存

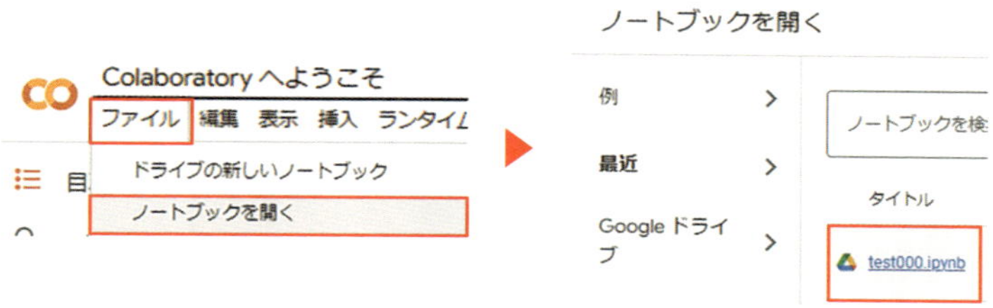

▲図 7.14　プログラムの再読み込み

練習問題　7-4

以下の文章題を解くプログラムを作成しなさい。

> A さんと B さんが同じ地点に立っており、1 周 60 m の周回コー
> スを、A さんは時計回りで 6 m/s、B さんは反時計回りで 7 m/s
> の速さで走り出したとします。A さんと B さんは何秒後に出会
> うでしょうか。

7.4　アルゴリズム入門

　プログラム内の処理は、単純にプログラムの上から下へ進むだけでなく、状況に
応じて処理内容が変化したり、同じ処理を何度も繰り返したりすることがあります。
このような処理の流れを制御するプログラムを**制御文**（control statement）といい
ます。ここでは、基本的な処理である「条件分岐」と「繰り返し処理」を学んでいき
ます。

7.4.1　条件分岐

　条件分岐（conditional branch）は、プログラムを実行する過程で、条件を満た
しているかどうかで行う処理を変えることです。この条件分岐は、**if 文**とよばれる
制御文で実現します。if 文は、判断の基準となる式（**条件式** conditional expression
という）に対して、真（true）となるか 偽（false）となるかによって異なる処理を実
行します。

7.4　アルゴリズム入門　　91

if 文の最も基本的な形は図 7.15 のようになります。このように、if 文では条件式の後ろにコロン（:）が必要になるとともに、各処理の範囲はインデント（字下げ）で区別されています。これは Python 特有の記法なので気をつけましょう。

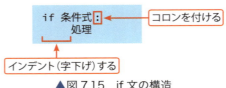

▲図 7.15　if 文の構造

条件式においては、**比較演算子**（comparison operator）を用いて真偽を判断します。図 7.12 のプログラムに条件分岐を取り入れたものを図 7.16 に示します。図 7.16 では、比較演算子 < を用いて、charge の値が 0 より小さい場合には「You can not buy」（買えない）というメッセージを出すようになっています。

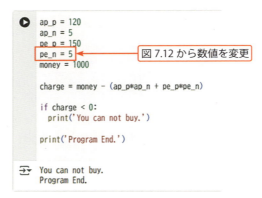

▲図 7.16　if を用いた条件分岐のプログラム

One Point　フローチャートとは？

　プログラムにおける流れを図示したものが**フローチャート**（flowchart）です。具体的には、動作の各ステップを下記のような要素（端子、処理、判断）で表し、流れをそれらの要素間の線・矢印で表すことで、アルゴリズムを表現します。

端子	プログラムの開始・終了を表す。フローチャートの最初と最後に必要となる。	処理	何らかの処理を表す。記号一つにつき、一つの処理を書き込む。
線・矢印 ——— ——→ ←—	処理の流れに沿って各要素を線でつなぐ。向きを明らかにするときは矢印を使う。	判断	複数の選択肢がある場合に用いる。判断基準は角部に併記する。

▲フローチャートで用いられる記号

フローチャートを作成するうえでは、以下のルールを守る必要があります。

- 最初に端子の記号を配置し、上から下へ要素を配置して、最後は端子の記号を配置する
- 要素と要素の間隔を空けて、重ならないようにする
- 書き込む文章は簡潔にして、要素の内容や動作をわかりやすく記述する
- 線や矢印で処理の直列／並列を適切に表現する

例として、条件分岐のフローチャートを右図に示します。条件分岐では、前の操作の結果が条件式に入力されてきます。そして、条件式を満足すれば「真」と判断され、処理が実行されます。一方、条件式が満たされなければ「偽」と判断され、処理が実行されないまま、元の処理の流れに戻ります。なお、線がつながってさえいれば、元の処理に戻ることを表せますが、上図のように線と線の結合部に黒丸を描いておくとより丁寧です。

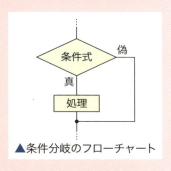

▲条件分岐のフローチャート

7.4 アルゴリズム入門

7.4.2 さまざまな比較演算子

条件式の部分で用いられる比較演算子を、表 7.3 に示します。とくに、等しいことを表す演算子 == はイコールが二つ続くことに注意してください。また、大小の比較は、条件となる値を含むか含まないかで演算子が異なります。状況に適したものを使用しましょう。

▼表 7.3　比較演算子

演算子	意味
x == y	x と y が等しい
x != y	x と y が等しくない
x > y	x は y よりも大きい
x < y	x は y よりも小さい
x >= y	x は y と等しいか、y より大きい
x <= y	x は y と等しいか、y より小さい
x in y	x という要素 が y に存在する
x not in y	x という要素 が y に存在しない

練習問題　7-5

図 7.16 のプログラムについて、購入価格がちょうど 1000 円になるように変数の値を変えて、おつりが 0 円のときに「Just no change」(おつりなし) と表示するようにしなさい。

7.4.3 二者択一の条件分岐

単純な if 文は、ある条件を満たす場合のみにある処理をするといった分岐だけでしたが、二つの処理のうちの一方の処理を行いたい場合があります。そのときには、図 7.17 のように **else** を用いて条件分岐します。

プログラミングにおいて、このように条件などの分岐を付け加えるケースは非常に多いので、しっかり習得してください。

```
if 条件式:
    処理1
else:
    処理2
```

if else 文の構造

```
ap_p = 120
ap_n = 4
pe_p = 150
pe_n = 3
money = 1000

charge = money - (ap_p*ap_n + pe_p*pe_n)

if charge < 0:
    print('You can not buy.')
else:
    print('You can buy.')
    print('OTSURI = ', charge)

print('Program End.')
```

```
You can buy.
OTSURI =  70
Program End.
```

プログラム例

▲図 7.17　else を用いた二者択一の条件分岐

One Point　三つ以上の条件分岐はどうすればよい？

三つ以上の条件分岐に対応するために、**elif** という命令も用意されています。使い方は else と同じですが、条件が複雑になるため、以下のようにフローチャートなどを書いて漏れがないようにしましょう。

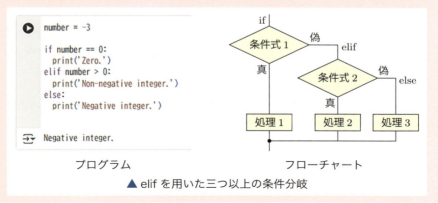

▲ elif を用いた三つ以上の条件分岐

7.4　アルゴリズム入門　　95

7.4.4 繰り返し処理

繰り返し処理（iterative processing）とは、ある条件を満たすまで同じ処理を繰り返し実行することです。Python では、繰り返し処理を行う制御文として **while 文**と **for 文**が用意されています。ここでは for 文を取り上げて説明します。

for 文の基本的な構造は図 7.18 のようになります。

▲図 7.18　for 文の構造

繰り返し条件では「変数をどこまで変化させて繰り返すか」を定義します。たとえば、「変数を 1〜9 まで 1 ずつ増加させて繰り返す」といった具合です。繰り返し条件を定義するにはさまざまな方法がありますが、ここでは range 関数を使ってみましょう。range 関数は start から stop まで step ずつ増加させる命令で、以下のような形式になります。

$$\text{range(start, stop[, step])}$$

ここで、start から stop まで 1 ずつ増加させる場合、step は省略することができます。図 7.19 に簡単な例を示します。stop になったら繰り返し処理をしないで終了していることに注意してください。

step なし　　　　　　　　　　　step あり

▲図 7.19　range 関数を用いた繰り返し処理

繰り返し処理は、複数組み合わせて用いることができます。図7.20に例を示します。インデントによってそれぞれの繰り返し処理の適用範囲が決まっていることに注目してください。

```
for num1 in range(1, 3):
    for num2 in range(1, 6, 2):
        print(num1, 'x', num2, '=', num1*num2)
```
```
1 x 1 = 1
1 x 3 = 3
1 x 5 = 5
2 x 1 = 2
2 x 3 = 6
2 x 5 = 10
```

▲図7.20　複数の繰り返し処理を用いたプログラム

　図7.21に、この繰り返し処理の応用例を示します。このプログラムでは、リンゴの購入個数が決定していて、残りのお金で桃がいくつ購入できるのかを計算しています。ぜひ各自のパソコンで打ち込み、実行してみてください。

```
ap_p = 120
ap_n = 5
pe_p = 150
money = 1000

for pe_n in range(1, 6):
    charge = money - (ap_p*ap_n + pe_p*pe_n)
    if charge >= 0:
        print('Apple =', ap_n, ': Peach =', pe_n, ': Charge =', charge)
    else:
        print('Apple =', ap_n, ': Peach =', pe_n, ': Not enough money.')
```
```
Apple = 5 : Peach = 1 : Charge = 250
Apple = 5 : Peach = 2 : Charge = 100
Apple = 5 : Peach = 3 : Not enough money.
Apple = 5 : Peach = 4 : Not enough money.
Apple = 5 : Peach = 5 : Not enough money.
```

▲図7.21　条件分岐と繰り返し処理を用いたプログラム

7.4　アルゴリズム入門　　97

練習問題 7-6

　図 7.20 のプログラムについて、右のような結果が得られる
ように変更しなさい。

```
1 × 1 =  1
1 × 2 =  2
1 × 3 =  3
3 × 1 =  3
3 × 2 =  6
3 × 3 =  9
5 × 1 =  5
5 × 2 = 10
5 × 3 = 15
```

練習問題 7-7

　以下は、これまでと同じ買い物の例で、リンゴと桃を買うときに、おつりが最
も少なくなる個数を求めるプログラムです。リンゴや桃の値段を変えて結果を確
認しなさい。また、このプログラムを実際に使う際に生じる問題点を指摘しなさ
い。

```python
ap_p = 120
pe_p = 150
money = 1000
least = 1000

for ap_n in range(1, 6):
  for pe_n in range(1, 6):
    charge = money - (ap_p*ap_n + pe_p*pe_n)

    if charge >= 0:
      if charge <= least:
        least = charge
        best_ap_n = ap_n
        best_pe_n = pe_n
      else:
        pass          ← 何もしないという設定。else ごと省略可能。
    else:
      pass

print('Apple =', best_ap_n, ': Peach =', best_pe_n, ': Charge =', least)
```

```
Apple = 2 : Peach = 5 : Charge = 10
```

98　第 7 章　Python によるプログラミング

第8章 Pythonによる簡単なデータ分析と可視化

この章では、Pythonを用いた簡単なデータ分析を行います。第6章においてExcelで行った分析も含まれますが、同様の分析をPythonで行うことで、それぞれのツールのメリット／デメリットが理解できるでしょう。

この章で学ぶこと
- ☑ PythonでのCSVファイルの読み込み
- ☑ Pythonでの統計量の計算
- ☑ Pythonでのグラフの作成

事前に調べること
- ☑ Pythonの外部ライブラリとは何ですか？
- ☑ `import`とは何をする命令ですか？
- ☑ `plt.scatter`とは何をする命令ですか？

8.1 データサイエンスにおけるPythonの利用

図6.1で示したように、この章では、第6章のExcelで行った基本統計量の計算や可視化をPythonでトレースします。図6.1を図8.1として再掲しておきます。

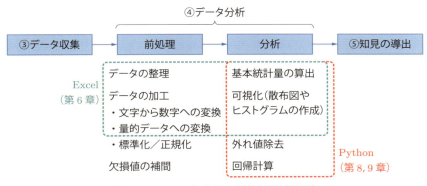

▲図8.1 データ分析で行う処理（再掲）

第6章で扱ったExcelは、データの加工から簡単な計算、可視化までを一つのアプリケーションとして実施可能です。それに対してPythonは、多彩な統計計算や可視化を行うことができる、ライブラリとよばれる便利な関数群を読み込んで機能を拡張していきます。簡単なデータ分析ならExcelのほうが扱いやすいかもしれませんが、外れ値除去や回帰などは大量のデータを迅速に処理しなければならないケースが多いので、Pythonで実行したほうがよいでしょう。

Python で利用できるライブラリの数は、PyPI（Python Package Index）とよばれる外部ライブラリを管理しているウェブサイトにあるだけでも 30 万個以上に上ります。これは、Python が、他言語との親和性が非常に高いオブジェクト指向型言語で構築されているためです。

これらの外部ライブラリは **import** という命令で読み込むことができます。ユーザーは、プログラムの目的や欲しい結果に合わせて必要なライブラリを選択して、各自のプログラム上で読み込むことで、高度なプログラムを迅速に作成することができるのです。以下に、本書で用いる三つの代表的なライブラリを紹介します。

- **NumPy**：数値計算を効率的に行うための数学関数ライブラリ。配列などを利用した効率的な計算が可能であり、中身は C++ というプログラミング言語で書かれているため処理が高速です。
- **pandas**：データ解析を支援する機能を提供するライブラリ。とくに、数表として保存されたデータベースを操作するためのデータ構造と演算を提供します。
- **matplotlib**：グラフを描画するためのライブラリ。さまざまな種類のグラフを描画することができ、データの特徴の把握に役立ちます。

これらのライブラリはデータサイエンス以外でも頻繁に利用されるので、ぜひ使いこなせるようになりましょう。なお、本書では Google Colaboratory でプログラムを作成するため、これらのライブラリは事前にインストールしなくても利用できます。Google Colaboratory 以外のエディタを利用する場合は、バージョンを確認して、事前にインストールしておいてください。

8.2　簡単なデータ分析

8.2.1　ライブラリの設定および確認

まずはライブラリの使い方に慣れるために、Python のバージョンを確認してみましょう。ノートブックに以下の test001.ipynb の内容を保存してください。外部ライブラリを用いる場合、以下の三つのルールがあるので注意してください。

❶ ライブラリを読み込むための命令（import）をプログラムの最初に宣言する。
❷ 各ライブラリの省略形を as 以降に設定する（NumPy の省略形は np、pandas の省略形は pd）。

100　第 8 章　Python による簡単なデータ分析と可視化

❸ 各ライブラリの関数を使うときは、「省略形.組み込み関数名」と記述する。

》test001.ipynb

```
1  import numpy as np
2  import pandas as pd
3
4  print('NumPy = ', np.__version__)
5  print('Pandas = ', pd.__version__)
```

半角の _ が2個並んでいる

上記のプログラムを実行してみましょう。以下のように表示されたら成功です。表示されている数字は、Google Colaboratory にインストールされているライブラリのバージョン情報です。

《 出力結果 》

```
NumPy =  1.26.4
Pandas =  2.1.4
```

練習問題 8-1

Python にもバージョンがあります。Google Colaboratory で使用される Python のバージョンを表示する方法を調べて、実行してみましょう。

8.2.2 データの読み込み

では、実際にデータを読み込んでみましょう。先ほどの test001.ipynb の 4 行目と 5 行目を以下のように書き換えて実行してみてください。

》test001.ipynb

```
1  import numpy as np
2  import pandas as pd
3
4  url = 'https://github.com/DsTMCIT/DS/raw/refs/heads/main/baseball.csv'
5  data = pd.read_csv(url, encoding='ms932', sep=',')
6  print('Data dimension =', data.shape)
```

《 出力結果 》

```
Data dimension = (421, 9)
```

8.2 簡単なデータ分析　　101

上記のプログラムにおける各行の説明は以下のとおりです。

- **1, 2 行目**：外部ライブラリ（NumPy と pandas）を読み込むための宣言です。
- **4 行目**：Excel のときと同様のファイル baseball.csv をインターネットから読み込みます。url は文字列を入れる変数です。このプログラムでは、URL をシングルクオーテーション（' '）で囲むことで、文字列としていることがわかります。
- **5 行目**：4 行目で読み込んだ CSV ファイルを変数 data に格納しています。この data は、ラベルなどが付記されたテーブル構造になっています。データを読み込む関数としては、pandas に含まれている read_csv 関数を使っています。

  なお、encoding='ms932' は日本語変換可能という意味です。さらに詳しい説明は、以下の pandas のドキュメントを参照してください。

  https://pandas.pydata.org/docs/reference/api/pandas.read_
  csv.html

- **6 行目**：読み込んだデータの縦方向・横方向の数を data.shape 命令で出力しています（データ構造については以下の One Point を参照）。

出力結果から、このファイルには、縦方向に 420 人分のデータが、横方向に 9 種類の分類で格納されていることがわかります。

👆One Point 〉 DataFrame クラスとは？

前述したように、pandas はデータを効率的に扱うために開発された Python のライブラリの一つで、データの取り込みや加工・集計、分析処理に利用されます。pandas のデータ構造には、1 次元のデータに対応した Series、2 次元のデータに対応した DataFrame の二つがあります。

DataFrame では、以下に示すように、行と列で表現された 2 次元データを扱います。Excel やデータベースで扱うデータも 2 次元なので、たとえば Excel から抽出したデータを pandas で分析する、といったことが容易に行えます。この互換性の高さから、pandas は Python によるデータ分析でよく使われます。

DataFrameでは、一番左端の列を**行インデックス**（row index）、一番上の行を**列インデックス**（column index）とよびます。これらのインデックスをKeyとして、データの抽出や削除、追加などを行うことができます。また、特定の条件に従って並び替えを行う機能も備わっています。

さらにDataFrameでは、以下のような多様な型でデータを保持できるので、さまざまなデータに対応できます。

文字列・数値複合	object	真／偽	bool
整数	int64	日付時刻	datetime64
浮動小数	float64	カテゴリ	category
複素数	complex128		

8.2.3 データの抽出

では、基本統計量を計算するために、読み込んだCSVファイルについて処理を行っていきます。前項で述べたとおり、データは9種類です。ここで、pandasの`read_csv`関数は、図8.2に示すように、**CSVファイルの1行目と1列目を除いたデータのみを読み込む**ことに注意してください。

▲図8.2 `read_csv`関数で読み込むCSVファイル

8.2 簡単なデータ分析　103

まずは身長データから分析を開始します。前項のプログラムに、以下を追加して実行してみましょう。

> **test001.ipynb**

```
7  height = data.values[:,3]
8  print('Data dimension =', height.shape)
9  print(height)
```

《 出力結果 》

```
Data dimension = (421,)
[178 178 182 179 191 179 178 176 180 178 178 200 190 184 185 188 171 183
 200 185 177 177 182 175 175 185 178 177 173 186 174 178 184 188 183 182
```

- **7行目**：data.valuesは、CSVファイルの内容を読み込んだ変数dataから数値データだけを取り出す命令です。data.valuesの[　]内は行と列を示していて、コロン（:）はすべての行もしくは列の選択を意味します。身長データを抽出するために、列には3を指定します。身長の列は左から5行目にありますが、read_csv関数の特性（1列目は読み込まない）とPythonの特性（数値が0から始まる）のため、3になります。
- **8, 9行目**：変数heightに代入された身長データを表示する命令です。height.shapeは変数heightの要素数を示し、heightは代表的な要素（データ）を示します。

✎ **練習問題　8-2**

体重（weight）についても同様にデータを抽出してみましょう。体重はweight = data.values[:,4]で取得できます。

8.2.4 **基本統計量の計算**

続いて、抽出したデータの統計量を計算してみましょう。ここでは最大値、最小値、平均値、分散、標準偏差を求めます。

> **test001.ipynb**

```
10  print('Max =', np.max(height))      ← 最大値
11  print('Min =', np.min(height))      ← 最小値
12  print('Average =', np.mean(height)) ← 平均値
```

104　第8章　Pythonによる簡単なデータ分析と可視化

```
13  print('Valiance =', np.var(height,ddof=0))     ← 分散
14  print('Standard division =', np.std(height,ddof=0))  ← 標準偏差
```

《出力結果》

```
Max = 252
Min = 133
Average = 180.21852731591449
Sum = 75872
Variance = 43.695713745690874
Standard division = 6.610273348787542
```

- **10～12 行目**：NumPy の省略形は np であり、ドット（.）を付けて各演算処理命令を記述します。
- **13 行目**：分散を求める関数として np.var が使われています。標本の取り方を指定するパラメータ ddof が 0 であることに注意してください（以下の One Point を参照）。
- **14 行目**：標準偏差を求めています。この値は 4.3.2 項の式でも示したように、分散の平方根となるため、標本の取り方を指定するパラメータ ddof も分散と同様に 0 にしています。

練習問題 8-3

体重（weight）についても同様に基本統計量を計算してみましょう。

One Point　分散を求めるときのパラメータ

　分散を求める np.var のパラメータ ddof を 0 にするのか 1 にするかは、その分散がどのような集団のばらつき具合を評価しているかに依存します。4.5 節で示したように、集団には母集団と標本があり、標本のみの分散を評価する場合には 0、標本から母集団を推定したいときは 1 とします。

　これは、標本の分散から母団の分散を推定する場合、標本分散は母集団分散より小さくなる、すなわち分散を求める式が異なるためです（詳しくは不

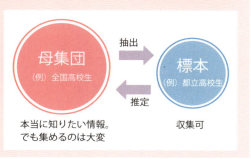

偏分散（unbiased variance）で検索してください）。Python は、このような統計の数学的ルールに適切に対応できるように設計されています。

　この章に入っていきなり難しくなった！と思う人もいるかもしれません。しかしプログラミングは所詮道具であり、使いながら理解していくものです。ですからくじけないで、まずは書かれている内容を写して動かしてみることを目標に取り組んでみましょう。

8.3　グラフの作成

8.3.1　散布図の作成

　Excel のときと同様に、散布図の作成を行います。散布図の作成には、Python では matplotlib ライブラリを用います。以下にサンプルプログラムを示します。matplotlib の省略形は plt で、先頭に plt が付いた命令は作図を行っている部分です。プログラムは、最初からすべて打ち込むのではなく、test001.ipynb を複製して書き換えるのがよいでしょう。

❯ test002.ipynb

```
 1  import numpy as np
 2  import pandas as pd
 3  import matplotlib.pyplot as plt
 4
 5  url = 'https://github.com/DsTMCIT/DS/raw/refs/heads/main/baseball.csv'
 6  data = pd.read_csv(url, encoding='ms932', sep=',')
 7  all = data.values
 8  height = all[:,3]
 9  weight = all[:,4]
10
11  plt.scatter(height, weight)
12  plt.xlabel('height[cm]')
13  plt.ylabel('weight[kg]')
14  plt.show()
```

106　　第 8 章　Python による簡単なデータ分析と可視化

《出力結果》

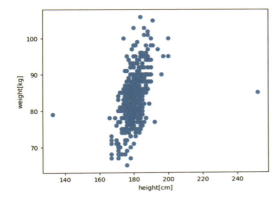

- **7〜9行目**：test001.ipynb ではデータから直接、身長の数値を抽出しましたが、ここでは一度、全データの数値情報を変数 `all` に取り込み、その後に身長と体重のデータを分離しています。
- **11行目**：身長と体重に対する散布図を、`plt.scatter` という命令で作成しています。散布図の作成に関してはさまざまな設定があるので、以下の matplotlib のドキュメントを参照してください。

    https://matplotlib.org/stable/api/_as_gen/matplotlib.pyplot.scatter.html

- **12〜14行目**：`plt.xlabel` は横軸、`plt.ylabel` は縦軸の説明を記述する命令です。散布図の作成では忘れずに入れてください。`plt.show` でグラフを表示しています。

> **練習問題 8-4**
>
> 年齢 (age) と身長 (height)、年齢 (age) と体重 (weight) についても散布図を表示してみましょう。それぞれ別のグラフで表示してもよいですが、`plt.scatter(x, y, color = 'red')` などでデータごとに色を変えられるので、一つのグラフでも表せます。ぜひ、わかりやすいグラフ表示に挑戦してみてください。なお、年齢は `age = all[:,1]` で取得できます。

8.3 グラフの作成　107

8.3.2 ヒストグラムの作成

ヒストグラムを作成するために、matplotlibには plt.hist というグラフ描画関数が用意されています。まず、matplotlibの初期設定のままで作成してみましょう。test002.ipynb を複製して以下のように書き換えます。

test003.ipynb
```
1  import numpy as np
2  import pandas as pd
3  import matplotlib.pyplot as plt
4
5  url = 'https://github.com/DsTMCIT/DS/raw/refs/heads/main/baseball.csv'
6  data = pd.read_csv(url, encoding='ms932', sep=',')
7  all = data.values
8  height = all[:,3]
9  weight = all[:,4]
10
11 plt.hist(height, 40)
12 plt.xlim(130, 260);
13 plt.ylim(0, 120)
14 plt.xlabel('height[cm]')
15 plt.ylabel('count')
16 plt.show()
```

《出力結果》

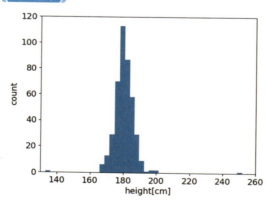

- **11行目**：plt.hist 関数は plt.hist(データ変数，階級数) という形式に
  なっています。階級数を変化させると、さまざまな区分けのヒストグラムが作
  成できます。データの分布がわかりやすい表示方法を目指しましょう。
- **12, 13行目**：表示範囲を限定するために、横軸方向の plt.xlim(最小値，
  最大値) や縦軸方向の plt.ylim(最小値，最大値) を用いています。

練習問題 8-5

階級数を決定する目安として、4.4.4 項で紹介したスタージェスの公式があり
ます。この公式に則って、図 6.27 と同様の、身長に対するヒストグラムを作成
しなさい。

第9章 Pythonによる一歩進んだデータ分析

この章では、前章より一歩進んだデータ分析の方法である「外れ値の除去」と「データ間の相関関係の求め方」について解説します。これらを習得できれば、実際にデータ分析を行う準備が十分整ったといえるでしょう。

この章で学ぶこと
- ☑ 外れ値除去
- ☑ 四分位数と箱ひげ図
- ☑ 相関係数と回帰直線

事前に調べること
- ☑ 外れ値と異常値の違いは？
- ☑ 四分位数と分散の違いは？
- ☑ 相関とはどんな意味ですか？

9.1 外れ値を除去する

9.1.1 外れ値とは

データには、例外的なものが含まれていることがあります。データにこのようなものが含まれていると、平均値や分散などの統計量に影響を与え、分析結果にゆがみが生じる恐れがあります。図9.1にデータの一例を示します。データ全体では正比例の傾向（トレンド）が見られますが、そのトレンドから著しく外れているデータがあることがわかります。また、トレンド上にはあるのですが、多くのデータとかけ離れたものも存在します。このようなデータをまとめて**外れ値**（outlier）とよんでいます。

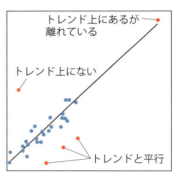

▲図9.1　外れ値のイメージ

データ全体の傾向をつかむためには、これら外れ値は除外することが望ましいと考えられています。一方で外れ値には、有益な知見が得られるものも存在します。そのため、完全に削除すべきデータではないことに注意しておきましょう。

外れ値を見つける方法はいくつかありますが、一般的には**四分位数**（quartile）、または**3σ値**（three-sigma value）が用いられます。ここでは、より基本的な四分位数を使った外れ値除去の方法を学んでいきます。

9.1.2 四分位数

　四分位数は、データの階級を小さい順に並び替えたときに、図 9.2 に示すように、データの数で 4 等分したときの区切り値のことです。小さいほうから順に、第 1、第 2、第 3 四分位数と名前が付けられています。

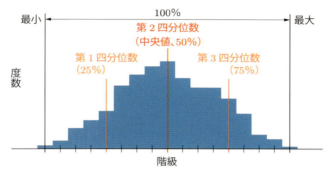

▲図 9.2　データ分布と四分位数の関係

　具体的な求め方を説明しましょう。たとえば、図 9.3 のようなデータがあるとき、まずは第 2 四分位数、すなわち中央値を求めます。第 4 章で見たように、中央値は順位が中央の値であり、平均値でないことに注意してください。次に中央値で前半、後半の二つのグループに分け、各グループで真ん中の値を求めることで四分位数を決定することができます。

▲図 9.3　四分位数の求め方

　なお、図 9.4 のように中央値が一つに定まらない場合には、二つの値 (41 と 48) の平均値を中央値とします。第 1、第 3 四分位数が一つに定まらない場合も、同様の方法で求めます。

　四分位数の計算をプログラムで実行してみましょう。身長データに関する `test003.ipynb` を複製して、保存名を `test004.ipynb` に変更し、11 行目以降を下記のように書き換えてください。

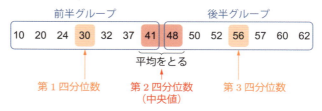

▲図 9.4　四分位数の求め方（中央値が一つに定まらない場合）

> test004.ipynb

```
1  import numpy as np
2  import pandas as pd
3  import matplotlib.pyplot as plt
4
5  url = 'https://github.com/DsTMCIT/DS/raw/refs/heads/main/baseball.csv'
6  data = pd.read_csv(url, encoding='ms932', sep=',')
7  all = data.values
8  height = all[:,3]
9  weight = all[:,4]
10
11 print('Quartile: h25% =', np.percentile(height, 25))
12 print('Quartile: h50% =', np.percentile(height, 50))
13 print('Quartile: h75% =', np.percentile(height, 75))
14 print('Median: Center =', np.median(height))
```

《出力結果》

```
Quartile h25% =  177.0
Quartile h50% =  180.0
Quartile h75% =  183.0
Median: Center = 180.0
```

　11〜14 行目の四分位数の計算には、NumPy ライブラリの関数である np.percentile を使用しています。この関数は、最小のデータと最大のデータの間のデータに 0〜100％を割り当て、指定のパーセンテージのデータを返します。ここでは、25％（第 1 四分位数）、50％（中央値）、75％（第 3 四分位数）が指定されています。

　一方で、中央値に関しては、np.median という別の関数でも求めることができます。出力結果を見てみると、確かに両者の値が一致しています。

練習問題 9-1

以下のデータの四分位数を、task9_1.ipynbのプログラムで計算してみましょう。

(1) data = [20,24,30,32,37,41,48,50,52,56,57]
(2) data = [10,20,24,30,32,37,41,48,50,52,56,57,60,62]

task9_1.ipynb
```
1  import numpy as np
2
3  data = [20,24,30,32,37,41,48,50,52,56,57]
4  print('Quartile: 25% =', np.percentile(data, 25))
5  print('Quartile: 50% =', np.percentile(data, 50))
6  print('Quartile: 75% =', np.percentile(data, 75))
```

One Point　四分位数の定義

練習問題9-1を解いた皆さんは、この答えがこの項の冒頭に挙げた例の値と異なることに疑問をもったのではないでしょうか（第1四分位数と第3四分位数が異なります）。これは、四分位数に関する定義が複数あることが原因です。

たとえば(1)では、NumPyでの定義が、四分位数を考案したターキー（Tukey）という人の定義を採用していることが原因です。ターキーの定義では、第1四分位数と第3四分位数を求めるとき、以下のように、中央値も含めたグループで計算を行います。

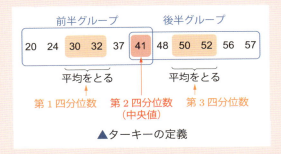

▲ターキーの定義

(2)は、(1)とは別の理由で値が異なるのですが、やや込み入った内容になりますので、ここでは割愛します。詳しくは、以下のNumPyのドキュメン

トを参照してください。

https://numpy.org/doc/2.0/reference/generated/numpy.percentile.html

このように、定義による計算の違いは、データ数が少ない場合、誤差となって現れます。しかし、データが 100 個以上の場合はほとんど悪影響が出ないので、安心して Python で計算を実行してください。

9.1.3 箱ひげ図

四分位数の計算出力だけでは、元の身長データとこれらとの関連がわかりにくいと思います。そのような場合、統計処理では箱ひげ図という表現方法を用います。

図 9.5 に示すように、箱ひげ図では外れ値判定の上限と下限に加え、各四分位数が図示されており、利用者にわかりやすい表現です。また、**四分位範囲**（interquartile range、IQR、第 1 四分位数と第 3 四分位数の間の範囲）も図示されており、これを使って次項で学ぶ外れ値除去の指標を計算することもできます。

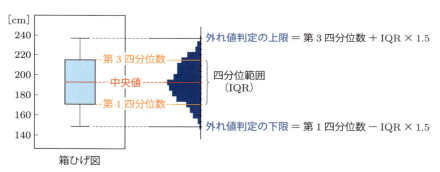

▲図 9.5　四分位数と箱ひげ図の関係

それでは test004.ipynb の 11 行目以降を以下のように書き換えて、箱ひげ図を作成してみましょう。

▶ test004.ipynb
```
11 qh25, qh50, qh75 = np.percentile(height, [25, 50, 75])
12 print('Q25% = ', qh25, ', Q75% = ', qh75)
13 plt.boxplot(height)
14 plt.xlabel('height')
15 plt.ylabel('[cm]')
16 plt.show()
```

《出力結果》

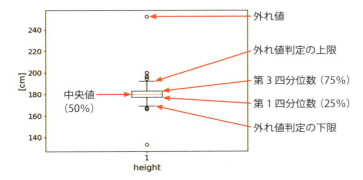

- **11 行目**：関数 np.percentile を使用して第 1 四分位数 (25 %)、中央値 (50 %)、第 3 四分位数 (75 %) を求めています。引数として [25, 50, 75] と三つ指定しているので、返り値もこの順番で三つの値を一度に得ることができます。
- **13 行目**：plt.boxplot 関数で箱ひげ図を作成できます。なおこの関数は、今回の出力結果にも示されているように、外れ値判定の上限または下限を超えた値を○印で表します。

練習問題 9-2

体重 (weight) に対しても箱ひげ図を作成しなさい。さらに、plt.boxplot([height, weight]) を使って身長の箱ひげ図と体重の箱ひげ図を比較しなさい。

9.1.4 四分位数を用いた外れ値の除去

前項の結果からわかるように、身長と体重のデータそれぞれで四分位範囲から著しく外れているデータが存在します。そこで、これらを除去していきます。

test004.ipynb のプログラムを複製して test005.ipynb とし、以下のように書き換えてみましょう。

▶ test005.ipynb

```
1  import numpy as np
2  import pandas as pd
3  import matplotlib.pyplot as plt
4
5  url = 'https://github.com/DsTMCIT/DS/raw/refs/heads/main/baseball.csv'
6  data = pd.read_csv(url, encoding='ms932', sep=',')
7  all = data.values
8  print('all dimension =', all.shape)
9  height = all[:,3]
10 weight = all[:,4]
11
12 qh25, qh75 = np.percentile(height, [25, 75])
13 qw25, qw75 = np.percentile(weight, [25, 75])
14
15 lower_h = qh25 - ((qh75 - qh25) * 1.5)
16 upper_h = qh75 + ((qh75 - qh25) * 1.5)
17 lower_w = qw25 - ((qw75 - qw25) * 1.5)
18 upper_w = qw75 + ((qw75 - qw25) * 1.5)
19
20 r_all=np.array(all)[(data.values[:,3] <= upper_h)
21                   & (data.values[:,3] >= lower_h)
22                   & (data.values[:,4] <= upper_w)
23                   & (data.values[:,4] >= lower_w)]
24 print('r_all dimension =', r_all.shape)
```

《 出力結果 》

```
all dimension = (421, 9)
r_all dimension = (406, 9)
```

● **15～18行目**：図 9.5 の計算式に基づき、外れ値判定の上限および下限を求めています。

116　第9章　Python による一歩進んだデータ分析

- **20〜23 行目**：データ全体に対して、上限下限の排他範囲を論理積 & で結合することで、図 9.6 に示すように外れ値が除去されています。通常、除去処理は、条件文（if 文）を組み合せて実現しますが、Python ではこのように np.array の [ ] の中に条件式を入れて計算することもできます。

出力結果が示すように、元のデータ all は (421, 9) の配列ですが、四分位範囲で抽出された r_all は (406, 9) の配列となります。これらの配列の関係を図 9.6 に示します。

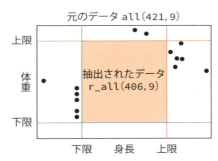

▲図 9.6 四分位範囲によるデータ抽出

では両者の配列が比較できるように、散布図の表現に工夫を加えて図示してみます。

```
  test005.ipynb
25
26 r_height = r_all[:, 3]
27 r_weight = r_all[:, 4]
28
29 plt.scatter(height, weight, c='blue')
30 plt.scatter(r_height, r_weight, s=100, c='red', alpha=0.5)
31 plt.xlabel('height[cm]')
32 plt.ylabel('weight[kg]')
33 plt.show()
34 np.savetxt('baseball_r.csv', r_all, delimiter=',', fmt='%s')
```

baseball_r.csv として保存

9.1 外れ値を除去する　117

《出力結果》

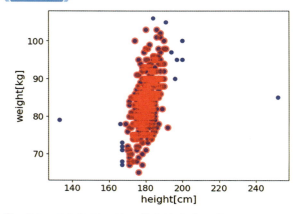

- **29〜30 行目**：外れ値を除去する前のデータ all を青丸、外れ値を除去したデータ r_all を半透明の赤丸に指定しています。
- **34 行目**：外れ値を除去したデータを baseball_r.csv として保存しています。np.savetxt 関数は、

  np.savetxt('保存ファイル名', 保存する変数, 区切り文字, データ型)

  と記述されます。ここでは CSV ファイルを保存するので、区切り文字はカンマ (delimiter=',')、データ型は文字 (fmt='%s') となります。

出力結果から、データ分布のトレンドから外れているいくつかのデータが除外されていることがわかります。

練習問題 9-3

章の初めに説明したように、外れ値を除去する方法としては、3σ値を用いるものもあります。以下に示すように、3σは標準偏差σの3倍を意味し、これらの値を上限下限として外れ値を除去します。

test003.ipynb をもとにこの3σ値を用いた外れ値除去のプログラムを作成して、四分位数を用いた外れ値除去との結果と比較しなさい。なお、標準偏差σは np.std で求めることができます。

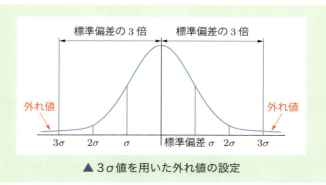

▲ 3σ値を用いた外れ値の設定

9.2 二つのデータ間の関係を探る

複数のデータがある場合、データサイエンスではそれらの関係を探ることも重要な役割です。この節では、その方法について学びます。

9.2.1 相関係数

二つのデータ値の関係を調べることを考えてみましょう。一方のデータ値が大きくなったときに、もう一方のデータ値がどうなるかを調べ、何か変化が見られる場合は**相関がある**（correlated）、何も変化が見られない場合は**相関がない**（uncorrelated）といいます。具体的にどの程度の相関があるかは**相関係数**（correlation coefficient）で判断します。データ x_i, y_i ($i = 1, 2, ..., n$) に対して、相関係数 r_{xy} は以下のように定義されています。ここで $\bar{x}$ は x の平均値、$\bar{y}$ は y の平均値です。

$$r_{xy} = \frac{x と y の共分散}{x の標準偏差 \times y の標準偏差}$$

$$= \frac{\frac{1}{n}\sum_{i=1}^{n}(\bar{x} - x_i)(\bar{y} - y_i)}{\sqrt{\frac{1}{n}\sum_{i=1}^{n}(\bar{x} - x_i)^2}\sqrt{\frac{1}{n}\sum_{i=1}^{n}(\bar{y} - y_i)^2}}$$

図 9.7 には、データの分布状況と相関係数との関係を示します。図を見てわかるように、相関係数が大きい（小さい）ほど、データの分布は直線に近くなります。相関係数は、多くの場合、その正負（正の相関か／負の相関か）よりも、その大きさ（相関があるか／ないか）が重要になります。

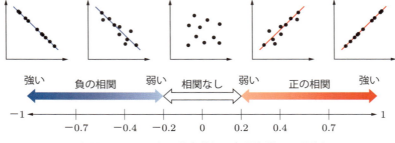

▲図 9.7　データの分布状況と相関係数との関係

　Python では、関数 np.corrcoef を利用することで、相関係数を直接求めることができます。test005.ipynb を複製して test006.ipynb とし、以下のように必要な部分を変更して計算してみましょう。散布図も表示すると、分布の様子がよくわかります。

test006.ipynb
```python
import numpy as np
import pandas as pd
import matplotlib.pyplot as plt

url = 'https://github.com/DsTMCIT/DS/raw/refs/heads/main/baseball.csv'
data = pd.read_csv(url, encoding='ms932', sep=',')
all = data.values
height = all[:,3]
weight = all[:,4]

corr = np.corrcoef(height.astype(float), weight.astype(float))[1,0]
print('Correlation value =', corr)

plt.scatter(height, weight)
plt.xlabel('height[cm]')
plt.ylabel('weight[kg]')
plt.title('Correlation value={:..2f}'.format(corr))
plt.show()
```

◆出力結果

Correlation value = 0.5313237538079917

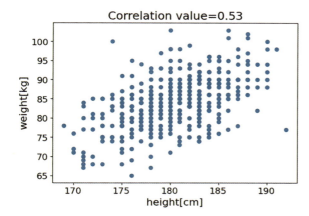

- **11 行目**：np.corrcoef 関数で相関係数を計算しています。計算結果が小数となるため、入力データも小数でなければなりません。そこで、astype で入力値を小数に変換しています。astype は、データの型を一時的に変換するキャスト演算子です。以下に例を示します。

```
入力   a = np.array([172, 175.3])
       print(a.astype(int))         出力   [172 175]     整数になる
       print(a.astype(float))              [172. 175.3]  小数のまま
```

また np.corrcoef 関数は、データの総数 n に対して、相関係数が含まれる n 行 n 列の行列を出力します。今回、$n = 2$（身長と体重）なので、出力そのままだと以下のような行列になります。

$$\begin{bmatrix} 0行0列 & 0行1列 \\ 1行0列 & 1行1列 \end{bmatrix} = \begin{bmatrix} 1 & r_{yx} \\ r_{xy} & 1 \end{bmatrix}$$

したがってプログラム末尾の [1,0] で、1 行 0 列である r_{xy} のみを取り出しています。ちなみに今回は身長と体重がそれぞれ独立したデータなので、$r_{xy} = r_{yx}$ となります。

- **17 行目**：計算により求めた相関係数をタイトルに表示しています。相関係数は小数として出力されるため、小数点以下の桁数を制限しないと非常に長い表

記になってしまいます。そこで、出力にさまざまな制約を加えられる format
関数を使い、{:.2f} で桁数を小数点以下 2 桁に指定しています。

　今回、プロ野球選手の身長と体重の相関係数は 0.53 という結果であったため、
やや強い正の相関があるといえます。つまり、プロ野球選手の身長と体重は比例し
ている（体が大きい）ケースが多いといえます。

練習問題　9-4

　baseball_r.csv に含まれているデータ（チーム、年齢、年数、身長、体重、
血液型、守備、年俸）に対して、以下の処理を行いなさい。
(1)　test007.ipynb を実行して、すべてのデータの組み合わせに対する相関
　　係数を表示しなさい。
(2)　結果から、最も相関係数が高い組み合わせと、最も低い組み合わせのデー
　　タを散布図として表示しなさい。

> test007.ipynb

```
 1 import numpy as np
 2 import pandas as pd
 3 import matplotlib.pyplot as plt
 4
 5 url = 'https://github.com/DsTMCIT/DS/raw/refs/heads/main/baseball.csv'
 6 data = pd.read_csv(url, encoding='ms932', sep=',')
 7
 8 df_corr = data.corr(numeric_only=True)
 9
10 plt.table(cellText=df_corr.values.round(3),
11           colLabels=df_corr.columns,
12           rowLabels=df_corr.index,
13           fontsize=20,
14           bbox=[0, 0, 1, 1] )
15 plt.axis('off')
16 plt.axis('tight')
17 plt.show()
```

9.2.2 回帰直線

相関係数の評価でデータ間に高い相関が見出された場合、両者には比例の関係が成り立つこととなります。この比例直線を求めることにより、別のデータが得られたときの予測を行うことができます。この直線のことを**回帰直線**（regression line）とよびます。

回帰直線は $y = ax + b$ の形をとり、そのデータ群を代表する直線になります。回帰直線の求め方を図 9.8 に示します。

❶ 任意直線（初期値 a, b）を設定して、直線と各データ x_i, y_i $(i = 1, 2, ..., n)$ との距離 d_i を計算する。

$$d_i = (ax_i + b) - y_i$$

❷ 各距離の合計 D を求める。

$$D = d_1 + d_2 + \cdots + d_n$$

❸ D が小さくなるように、a と b を少しずつ変化させる。
❹ ❷、❸を繰り返して D が最も小さくなったら終了する。

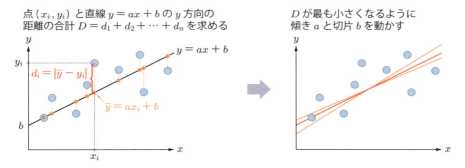

▲図 9.8　回帰直線の求め方

傾き a と切片 b を効率的に変化させるアルゴリズムとしては、さまざまなものが提案されています。また、D の値は 0 にならない場合がほとんどなので、繰り返し計算しても前回の D とほとんど値が変わらなくなった時点で計算を終了させます。

Python には、回帰直線を求めるための関数として `np.polyfit` が用意されています。この関数を使ってプログラムを作成します。`test006.ipynb` を複製して `test008.ipynb` とし、13 行目以降を以下のように書き換えましょう。

test008.ipynb

```python
1  import numpy as np
2  import pandas as pd
3  import matplotlib.pyplot as plt
4
5  url = 'https://github.com/DsTMCIT/DS/raw/refs/heads/main/baseball.csv'
6  data = pd.read_csv(url, encoding='ms932', sep=',')
7  all = data.values
8  height = all[:,3]
9  weight = all[:,4]
10
11 corr = np.corrcoef(height.astype(float), weight.astype(float))[1,0]
12
13 fit = np.polyfit(height.astype(float), weight.astype(float), 1)
14 print('Gradient = {:.4f}'.format(fit[0]))
15 print('Intercept = {:.4f}'.format(fit[1]))
```

《 出力結果 》

```
Gradient = 0.8137
Intercept = -62.5932
```

● **13 行目**：np.polyfit 関数は、回帰直線の式を計算して、傾きと切片を返します。相関係数と同様、小数で計算する必要があるため、キャスト演算子 astype が用いられています。

　　また、関数の引数の最後の数値は回帰式の次数です。ここでは回帰直線（1 次式）を求めたいので「1」とします。

● **14, 15 行目**：13 行目で計算された値を表示します。直線 $y = ax + b$ の傾き a は fit[0] に、切片 b は fit[1] に格納されています。

続いて、データを散布図で表示して、その上に回帰直線を描画しましょう。

test008.ipynb

```python
16
17 func = np.poly1d(fit)
18 xp = np.linspace(np.max(height), np.min(height), 100)
19 yp = func(xp)
20
21 plt.scatter(height, weight)
```

```
22  plt.plot(xp, yp, '-r')
23  plt.xlabel('height[cm]')
24  plt.ylabel('weight[kg]')
25  plt.title('Correlation value={:.2f}'.format(corr))
26  plt.show()
```

《出力結果》

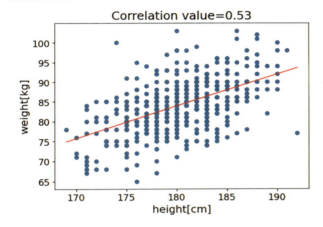

- **17行目**：13行目で計算された傾き `fit[0]` と切片 `fit[1]` を使って、回帰直線の式を関数として定義しています。
- **18行目**：求めた回帰直線を描きたいのですが、傾きと切片の値しかありません。そこで、横軸（x軸）に対応する身長のデータを新たに作成しています。`np.linspace` は任意の2点に挟まれた間に直線補間で点を作成する関数で、ここでは最小データと最大データの間に100点を生成しています。
- **19行目**：18行目で作成した点を、17行目で定めた回帰直線の式に代入することで、縦軸（y軸）に対応する値を計算しています。
- **21〜26行目**：身長と体重の散布図を描画するとともに、19行目で求めた回帰直線上の点を `plt.plot` 関数でつなぎ合わせて直線を描いています。22行目の関数の引数の `'-r'` は、点と点の間を赤線で結ぶためのものです。

以上のプログラムにより、身長と体重の関係を回帰直線で図示することができました。これにより、身長のデータが与えられれば、体重を推定することができます。たとえば身長が182.5 cm の場合、体重は約 85 kg であると算出できます。

9.2.3 最小二乗法による回帰直線の評価

　前項の回帰直線による推定が実際の値とどの程度まで一致しているかを評価するためには、**最小二乗誤差**（Root Mean Square Error, RMSE）を求めることが有効です。この誤差は以下の式によって計算することができ、この値が小さいほど、回帰モデルが優れていることとなります。

$$\text{RMSE} = \sqrt{\frac{1}{n}\{(\bar{y}-y_1)^2 + (\bar{y}-y_2)^2 + \cdots + (\bar{y}-y_n)^2\}} = \sqrt{\frac{1}{n}\sum_{i=1}^{n}(\bar{y}-y_i)^2}$$

　上式に従い、実際の体重と回帰直線で推定した体重の差を計算します。

》test008.ipynb

```
26
27 for i in range(1, len(height)):
28     pweight = fit[0] * height + fit[1]
29 rmse = np.sqrt(np.mean(np.square(weight - pweight)))
30 print('RMSE = {:.4f}'.format(rmse))
```

《出力結果》

```
RMSE = 5.8661
```

- **27, 28 行目**：27 行目の for 文は全データの身長の値を繰り返す命令で、28 行目の変数 pweight は回帰直線に代入して推定された体重を計算しています。
- **29 行目**：実際の体重 weight と推定された体重 pweight の差分を np.square で 2 乗し、np.mean で平均を取り、np.sqrt で平方根を求め、最小二乗誤差を算出しています。

　計算式より、最小二乗誤差は「平均からのそれぞれの値のばらつき（標準偏差）」を示しているので、推定された体重は平均値± 5.8664kg の誤差を含むことがわかります。

練習問題　9-5

　baseball.csv に含まれている年齢（age）と年俸（salary）について、散布図上に回帰直線を図示しなさい。

第10章 データサイエンスの実施に向けて

これまでの章でデータ分析の知識やツールを学んできましたが、データサイエンスの実施にはこれらのスキル以外に、データを収集したり、分析結果を報告したりすることが必要不可欠です。この章では、そのような事柄の中から、最低限知っておかなければならないものについて説明します。

この章で学ぶこと
- ☑ 代表的なオープンデータ
- ☑ 分析を進めるうえでの留意点
- ☑ 分析結果の報告方法

事前に調べること
- ☑ オープンデータとはどのようなデータですか？
- ☑ データ分析が生かされる仕事は何ですか？
- ☑ データの信憑性はどう判断しますか？

10.1 オープンデータの利用

10.1.1 データサイエンティストとオープンデータ

ビッグデータから問題解決に結びつく重要因子や法則を見つけ出す技術者を**データサイエンティスト**（data scientist）とよびます。データサイエンティストは分析能力だけでなく、分析するデータの調査・収集能力も求められます。なぜなら、

分析したデータそのものが、不確かな調査方法で得られたものであったり、偏ったものであったりした場合は、分析結果の信頼性が失われるためです。たとえばインターネット上には、オープンデータとしてさまざまな調査結果が公開されていますが、中には信頼性のないデータも含まれます。また、無断で使うと法律に触れる恐れもあります。

そこで以下では、国、地方公共団体および信頼性の高い事業者が公開している代表的なオープンデータを紹介します。これらのデータであれば、分析を行っても問題が起こることは少ないでしょう。

10.1.2 代表的なオープンデータ

e-GOV

　デジタル庁が運営しているオープンデータサイトです（図10.1）。公的機関のさまざまなデータが検索できます。データの種類が大変多いので、カテゴリーやフォーマット（たとえばExcel）を絞ったほうがよいでしょう。

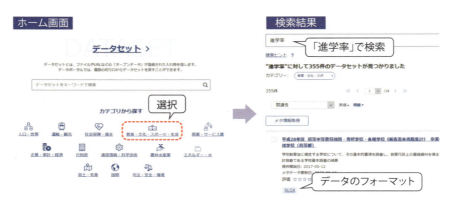

▲図10.1　e-GOV [https://www.data.go.jp/]

オープンデータカタログサイト

　各都道府県が運営しているオープンデータサイトです。図10.2に東京都のものを示します。生活に関するデータを収集するには、e-GOVよりもこちらのほうが適しているかもしれません。

▲図10.2　東京都オープンデータカタログサイト
[https://portal.data.metro.tokyo.lg.jp/]

Google Dataset Search

　グーグル社が運営しているオープンデータ検索エンジンです（図 10.3）。信頼性が低いデータも含まれますが、公的機関では得られない、生活に密着したデータが得られます。なるべく財団法人や協会が発行しているデータを使うようにしましょう。

▲図 10.3　Google Dataset Search
[https://datasetsearch.research.google.com/]

10.1.3 オープンデータを使ううえでのコツ

　分析のためのデータを調査していると、多くのデータが、年代や地域で区分・整理されていることに気づくと思います。このような分け方は、トレンドを知るうえでは有益ですが、その傾向を引き起こしている要因を探る場合、必ずしも最適な方法ではありません。たとえば、女性の社会進出が近年目覚ましい理由を調べるとしましょう。データを収集する過程で、図 10.4 の左側に示すようなものが見つかるとは思います。しかし都道府県と進学率との間には、おそらく関連性はないでしょう。

▲図 10.4 都道府県名を共通項として関係性を調べる例

そのようなときは、都道府県別に整理されている別のデータを見つけましょう。そして都道府県を共通項として、それぞれのデータに関連があるかどうかを調べることを考えましょう。ここでは、別のデータとして「都道府県別の保育園の数」を挙げます。これらのデータの相関を見ることで、「女性の社会進出が盛んな地域は、子育てをサポートする保育園も多いのでは？」という仮説を評価できます。

また、年別になっているデータも、多くのケースでは事象の発生と年次との間には関連性がありません。そこで、都道府県別のデータのときと同様に、年別にまとめられたデータどうしの相関を見ます。たとえば、図 10.5 に示すように、交通事故発生件数の年別データと運転免許保有者数の年別データがあったとします。これらのデータを、年次を共通項として相関を計算すると、若年者や高齢者の免許保有

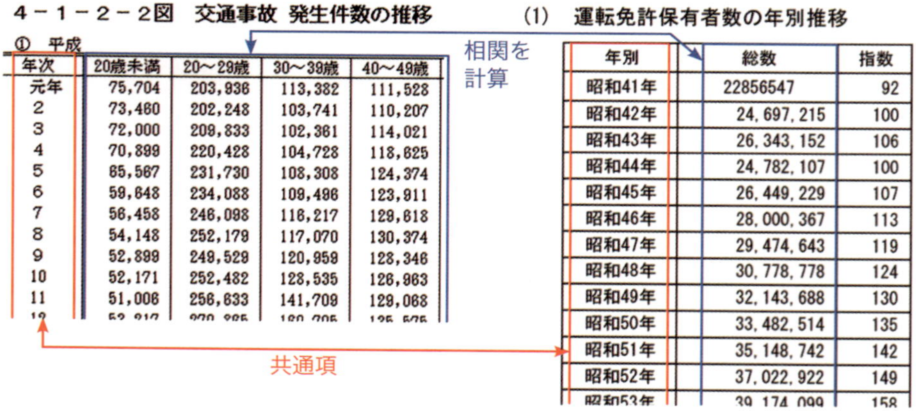

▲図 10.5 年次を共通項として関係性を調べる例

130　第 10 章　データサイエンスの実施に向けて

率と交通事故の発生件数を比較できるので、新たな知見が生まれるかもしれません。

One Point　データが三つ以上のときの関連性の評価は？

データの関連性の評価は、データが増えても、基本的に二つのデータに注目して行います。データが三つ以上の場合の関連性評価によく用いられるのが**混同行列** (mixing matrix) です。混同行列は、それぞれのデータの組み合わせごとに相関を計算して、複数のデータ間の関連性を可視化したものです。たとえば A, B, C の三つのデータに対する混同行列は、それらの相関の強弱を色で表すと右図のようになります。A/B と B/A に違いはなく、どちらも「A と B の相関値」を示しています。また対角要素は、同じ因子どうしの相関なので 1 になっています。

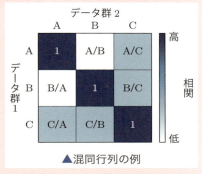

▲混同行列の例

専門的に統計を学べば、重相関や偏相関などの手法を使って、より高度な評価を行うこともできます。

10.2　データ分析が終わったら

10.2.1　分析結果を議論する

データサイエンスにおいて最も重要なことは、「独りよがりの考え」に陥らないことです。データから仮説を立てて分析するのは、やろうと思えば一人でもできるかもしれませんが、その仮説が正しいか、多くの人たちに意見を求め

るべきです。本書では、各自が調査したデータを披露して、そこから何がわかりそうかを議論するアクティブラーニングをお勧めします。

アクティブラーニング (active learning) は、グループディスカッションを通して、自ら能動的に学びに向かう姿勢を培う学習方法です。以下に、「データからどのような仮説が推察されるか」という議題の場合のアクティブラーニングの手順を示します。

アクティブラーニング手順

❶ 各グループは 3〜4 人とします。進行役の指示に従ってください。

❷ 各メンバーは一人ずつ、前もって調査してきたデータをほかのメンバーに紹介します。紹介では、以下のように仮説とその根拠を話します。

● 仮説例：私は、○○について調べたいと思いました。なぜなら、今後、△△のようなことが起こると考えたからです。

● 根拠例：この仮説を裏付けるものとして、このようなデータを見つけました。このデータの出典は□□で、データ数も××あり、信頼性が高いと判断しました。

❸ 説明を聞いたほかのメンバーは、発言者のためになるようなアドバイスを与えてください（例：「このようなデータも調べてみたらよいのでは？」）。ここで、決して発言者の意見や調査結果を否定しないように心がけましょう。不明点には質問し、不足点についてはフォローしてください。

❹ 発言者は、ほかのメンバーからの意見に素直に耳を傾け、そして、本格的に分析を開始する前に、再検討や再調査を行ってください。

　議論のポイントは、決して否定しないところです。質問や意見を活発に出して、発言者の分析をよりよいものにする、という心がけが最も大切です。

10.2.2 分析結果の報告方法

　得られたデータ分析の結果は、いろいろな場面で活用されなければなりません。そのため、結果をどのように説明するかも、データサイエンティストの重要な仕事の一つです。ここでは、誰にでもわかりやすく説明できる基本的な方法を紹介します。

　報告に含まれていなければならない最低限の要素は、以下の七つです。ここまでに取り上げたプロ野球選手のデータ分析の例を示しながら説明します。

①調査目的

　調査の目的を明確に伝えることは重要です。「○○を明らかにするために△△の調査を行いました」といった具合に簡潔に説明しましょう。

132　第 10 章　データサイエンスの実施に向けて

> プロ野球選手の 2021 年度の実績データを用いて、年俸と最も関連性がある因子を明らかにする。

②データの出典

どのデータを分析したかを明確に提示しなければなりません。また、そのデータは他人に公開できるものでなければなりません。報告を聞いた人が分析を再現できることが重要です。

> プロ野球データ Freak の Web サイト（https://baseball-data.com/）からスクレイピングして入手した 2021 年度データを利用する

③データ利用に関する注意

データには必ず権利が付きまといます。その権利を明確に示すことで、二次利用による著作権侵害などのトラブルを未然に防ぐことができます。

> サイトが提供する情報及びサービスは、自身の責任と判断において利用すること。そして再トンビ掲載されている情報の内容に関しては必ずしも最新かつ正確を保証するものでない。また、サイト及びリンク先のサイト利用時において利用者が被った損害に対しては、サイト運営者はいかなる責任も負わないことがうたわれている。

④データの概要および前処理

分析の全体像がわかるように、概要説明を行います。基本統計量なども含めると有効でしょう。また、目的に応じてデータのどの項目を抽出したのかを明記しておきます。さらに、外れ値除去や補間など、データを評価する場合に影響が生じる処理についても、説明しておきます。

> 収集した本データは 2021 年度の以下に示す 12 種類の因子が記録されている。
>
> **表 1 取得データの一覧**
>

10.2　データ分析が終わったら　　133

このうち、年俸と関連がありそうな年齢、年数、身長、体重、守備のみを残し、他の因子は削除した。また、身長や体重、年俸は単位が記載されている状態であったため、数値のみに分離した。更には、守備に関しては質的データとなるため、割り当てを行うことで数値化を行った。

表2 単位の分離例

表3 質的データ変換

図1には年俸のヒストグラムを示す。また、421名分の選手データに関して、基本統計量を計算した結果も示している。この年俸データは非常に偏りが大きいため、相関などを計算する際には平均より大きく外れる値は外れ値として除外したほうが、全体の傾向を掴むためには重要であることが分かる。

図1 年俸のヒストグラム

⑤注目したデータの分析結果

どのデータに注目したのか、どのような手法でそれを分析したのかを説明します。グラフや具体的な数値を示して説明するように心がけましょう。

まず、年俸と相関の高い因子を明らかにするため、DataFrameのCorrメソッドを使って、図2に示す相関行列表を作成した。この結果から、年俸と相関が高いのは年齢であることが分かる。図3には横軸に年齢、縦軸に年俸をプロットした散布図を示すが外れ値の存在が明らかである。そこで、四分位数演算に基づいて外れ値除去を行った結果を図4に示す。赤点で示された

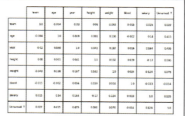

図2 相関行列表

のが四分位範囲であり。外れ値除去を行うと、相関係数が0.42から0.58へ高くなることが分かる。

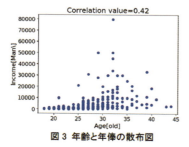

図3 年齢と年俸の散布図

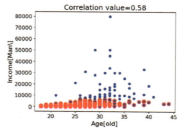

図4 外れ値除去した結果の散布図

この外れ値除去をしたデータを用いて、最終的に回帰直線を計算により求めた結果を図5に示す。結果から、傾きは164.6、切片は-2674の直線で近似することができた。しかし、図6に示すように、各因子の分布はかなり偏りを持っているため、年齢が高くなるにつれて、年齢と年俸の関係は回帰直線からずれるケースが多くなると予想される。

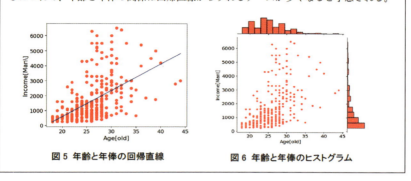

図5 年齢と年俸の回帰直線 **図6 年齢と年俸のヒストグラム**

なお、ここはあくまでも結果を冷静に伝えることに徹するべきところです。分析がうまくいかなかった場合でも、個人的な反省などは述べず、淡々と事実だけを提示するように心がけましょう。

⑥考察

結果から導かれる結論、そして予測などを客観的に説明しましょう。ここでも個人的な感想を述べることは避けましょう。

> 今回のデータの平均年数は25.2歳であったため、求めた回帰直線式に当てはめると、平均年俸は1480万円と、やはりプロ野球選手はかなり高額取得者であることがわかる。しかしながら、年齢のヒストグラムを見ると、30歳を超えた時点で急激に度数が減少しているため、長くプロ野球選手として活躍することはかなり難しいということがわかる。

⑦まとめ

問題点の提示や今後やるべきことを整理して提示しましょう。それらを示すことで、今後あなたを含めた誰かがさらなる分析を行ううえでの手助けになります。ここでは、少しであれば、個人的な希望などを述べてもよいでしょう。

> 今回は年俸に注目して分析を行ったが、同様のデータは数年にわたって、サイトに記録されているため、年度ごとのデータも結合させて、各選手の生涯賃金を分析してみたい。その結果によって、プロ野球選手という職業が給与面で優れているかどうかが判断できる。

解答例

練習問題 1-1

省略

練習問題 1-2

(1) 右図

(2) 著作権法に違反しないこと。作成したコンテンツは、自らのオリジナル性を証明できるようにすること。有害または攻撃的なコンテンツを作成しないことなど。

練習問題 1-3

省略

練習問題 2-1

(1) ①人間中心の原則、②教育・リテラシーの原則、③プライバシー確保の原則、④セキュリティ確保の原則、⑤公正競争確保の原則、⑥公平性、説明責任および透明性の原則、⑦イノベーションの原則。

(2) Ethical, Legal and Social Issues（倫理的・法的・社会的課題）

(3) セキュリティの確保、偏見の増長や誤情報の拡散の防止など。

(4) 説明責任のこと。たとえば、AIシステムの設計、実装の情報開示、結果・決定の説明までを行い、利害関係者に納得してもらうことを指す。

(5) 自動運転車による事故は原則利用者が負うが、ソフトウェア（AI）の不具合が原因で事故が発生した場合は、開発者が責任を負う。

(6) 省略

(7) 省略

練習問題 3-1

2段階認証を採用することによりユーザーの手間が増える。また、VPNは、認証や接続制御などの管理業務が必要となる。さらに、機器導入のコスト増加や処理による通信速度の低下が生じる場合がある。

練習問題 3-2

(1) 元の個人情報を識別できないようにする匿名加工に対して、限定されたほかの情報と照合することで個人情報を復元できるようにする加工方法のこと。ただし、この仮名

加工に用いた限定情報も個人情報でもあるため、厳格に保護されなければならない。
(2) ウェブサイトを通じて送信されるデータを暗号化して、データを傍受されても解読不能な文字列にしか見えなくさせる。なお、SSL暗号化されているウェブサイトは、URLに「http」ではなく「https」と表示される。

練習問題 3-3

(1) 真陽性率 $= a/(a+c) = 95/(95+5) = 0.95$、偽陽性率 $= b/(b+d) = 3/(3+97) = 0.03$、偽陰性率 $= c/(a+c) = 5/(95+5) = 0.05$、真陰性率 $= d/(b+d) = 97/(3+97) = 0.97$。

(2) Aの適合率 $= 0.95/(0.95+0.03) = 0.97$、Aの再現率 $= 0.95/(0.95+0.05) = 0.95$、Bの適合率 $= 0.99/(0.99+0.1) = 0.91$、Bの再現率 $= 0.99/(0.99+0.01) = 0.99$。
新型コロナウイルスのオミクロン株のように重症化しにくいが感染は抑えたい場合は、誤検出が少ないAのほうがよい。デルタ株のように重症化しやすい場合は、取りこぼしが少ないBのほうがよい。

練習問題 4-1

(1)

	最小値	最大値	平均値
選手A	5	10	7
選手B	0	10	7

中央値	最頻値
7	7
10	10

(2)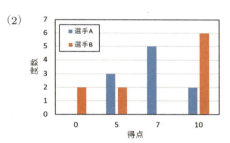

(3) 選手Aの分散 $= \{(7-7)^2+(5-7)^2+(10-7)^2+(5-7)^2+\cdots+(7-7)^2\}/10 = 3$
選手Bの分散 $= \{(5-7)^2+(10-7)^2+(0-7)^2+(5-7)^2+\cdots+(10-7)^2\}/10 = 16$

(4) 平均値は同じであるが、選手Bのほうが分散（変動）が大きく、得点が安定していない。

練習問題 4-2

(1) 下図

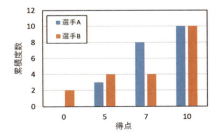 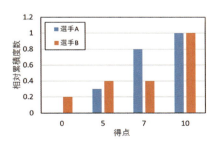

解答例　137

(2) 総射数から得点が 7 点の累積度数を引けばよい。よって選手 A は 10 − 8 = 2、選手 B は 10 − 4 = 6。

(3) 選手 A は安定して点を獲得するのに対して、選手 B は一気に点を伸ばす傾向にある。

練習問題 4-3

(1) キャッシュレス決済に関する調査。(2) 出典は令和元年度総務省「モバイル端末を利用した QR コード決済等の技術標準および地域実装等に係る調査」。(3) 岩手県、長野県、和歌山県、福岡県のサンプリング調査で集計企業数は 1262 社。(4) 最も導入しているのは卸売小売業で、その割合は卸売業、小売業でクレジットカード 40.5%、電子マネー 16.7%、QR コード 30.3%、導入なし 44.3% であることがわかる。

練習問題 5-1

(1) 目の合計が 8 になるのは $\{2, 6\}, \{3, 5\}, \{4, 4\}, \{5, 3\}, \{6, 2\}$ の 5 通り。

(2) 100 の約数で正のものは、$\{1, 100\}, \{2, 50\}, \{4, 25\}, \{5, 20\}, \{10, 10\}, \{20, 5\}, \{25, 4\}, \{50, 2\}, \{100, 1\}$ の 9 通り。なお、素因数分解すると $100 = 2^2 \times 3^0 \times 5^2$ なので、指数値を利用して $(2+1) \times (0+1) \times (2+1) = 3 \times 3 = 9$ と求めることもできる。

(3) $(a+b+c)^2$ の展開式は $a^2 + b^2 + c^2 + 2ab + 2bc + 2ac$ となり、6 項である。場合の数を考えるとき、$(a+b)^2$ の展開式は $a^2 + 2ab + b^2$ と 3 項、$(a+b+c)^2$ は 6 項、$(a+b+c+d)^2$ は 10 項となるため、$(\quad)^2$ 内の項が n 個ならば展開項数は $n(n+1)/2$ となる。

練習問題 5-2

(1) ${}_6P_2 = 6 \times 5 = 30$, ${}_6P_4 = 6 \times 5 \times 4 \times 3 = 360$。両者は異なる。

(2) ${}_{10}C_3 = (10 \times 9 \times 8)/(3 \times 2) = 120$、${}_{10}C_7 = (10 \times 9 \times 8 \times 7 \times 6 \times 5 \times 4)/(7 \times 6 \times 5 \times 4 \times 3 \times 2 \times 1) = 120$。両者は同じ。

練習問題 5-3

(1) 2 人を選んだうえで並べるということは並べる順が重要なので ${}_5P_2 = 20$ 通り。

(2) 選ぶだけで区別しないので ${}_5C_2 = 10$ 通り。

(3) すべてのカードの並べ方なので ${}_4P_1 \times {}_4P_1 \times {}_4P_1 = 64$ 通り。

(4) 角に区別はなく、七つの角から三つの角（三角形）を選ぶ問題なので ${}_7C_3 = 35$ 通り。

(5) 椅子は区別可能なので、A〜E の席から三つを選んで並べる問題なので ${}_5P_3 = 60$ 通り。

(6) 男女別々に考えて、男性は ${}_7C_3 = 35$ 通り、女性は ${}_5C_2 = 10$ 通り。これらを同時に選ぶので、$35 \times 10 = 350$ 通り。

(7) 和が 7 になるには $\{大, 小\} = \{1, 6\}, \{2, 5\}, \{3, 4\}$ の 3 通りだが、大小区別できるので、$\{4, 3\}, \{5, 2\}, \{6, 1\}$ も含まれ、合計 6 通り。

(8) コインの表の出る順番は区別する必要がないため、5回から2回を選ぶと考え、$_5C_2$ = 10通り。

練習問題　5-4

(1) カードを用いた順列・組合せの問題です。多くの場合、カードには「1, 2, 3, 4, 5 の数字が書かれた5枚のカード」のように数字が振られ、その条件は整数に関するものとなります。たとえば、偶数、奇数、さらには倍数、約数などがあります。時には計算（和や積）を含む場合もあります。いずれも樹形図を活用するなどして冷静に読み解けば難しいことはありませんが、0を扱うときは注意が必要です。0は整数ですが、正でも負でもなく、また数字を並べるときに先頭に来ることはありません。

(a) すべての数字を使うことができるため $_6P_3$ = 120通り。

(b) 偶数になるのは一の位が2、4、6の3通りである。まず一の位を2とすると、十の位、百の位は残りの五つの数字から二つを並べる問題なので $_5P_2$ = 20通り。これが2、4、6の3通りあるので $3 \times 20 = 60$ 通り。

(2) サイコロを用いた順列・組合せの問題です。サイコロも「1〜6までの数字が書かれた6枚のカード」として考えれば、カードと同じ考え方が適用できます。0がない分、カードよりも楽かもしれません。しかし、サイコロの場合は複数扱うことが多くなります。そのため、確率の加法定理や乗法定理を組み合わせて答えを求める場合があります。中学校でもサイコロを用いた問題は解いてきたと思いますが、2個までしか扱わなかったと思います。2個であれば表を書くことが有効ですが、3個以上では適用できません。表を使わないで計算できるようにしておきましょう。

(a) すべて同じ目であるため6通り。

(b) 六つの数字から三つを並べる問題なので $_6P_3$ = 120通り。

(c) 「二つが同じで残り一つは異なる ＝ すべての事象 － (事象 (a) ＋ 事象 (b))」なので、$216 - (6 + 120) = 90$ 通り。

(3) 玉を用いた順列・組合せの問題です。玉にどのような特徴があるかをよく考えなければなりません。玉に数字が書かれている場合はカードなどと同じですが、ほとんどの問題では数字の記載はなく、赤や白などの色で区別されているくらいでしょう。そうなると、同じ色の玉は区別がつきません。このように、何を区別して何を区別しないのかをしっかり考える必要があります。また、「取り出した玉を袋の中に戻す／戻さない」という条件が付くときもあります。この条件が付くときは、取り出す玉の数が変化するかどうかに注意が必要です。

(a) 同じ色が赤玉のときは $_5C_2$ = 10通り、白玉のときは $_3C_2$ = 3通りなので、$10 + 3 = 13$ 通り。

(b) 赤玉を2個同時に取り出すことと同じなので $_5C_2$ = 10通り。

解答例　139

(4) トランプを用いた順列・組合せの問題です。トランプは、四つの模様それぞれに対して 1～13 までのカードがあります（合計 52 枚。通常、ジョーカーは含まれません）。さらに、11、12、13 は絵札になっています。そのため、これらの組み合わせがたくさんあるので、数字や模様の条件の重なりには注意が必要です。

（a）ハートであるのは 13 通り、7 以下であるのは $4 \times 7 = 28$ 通り。これらの中にはハートかつ 7 以下の 7 枚が含まれているので、どちらか一方であるのは $13 + 28 - 7 = 34$ 通り。

（b）ハート以外であるのは 3 通り、7 以下であるのは 7 通り。両者は同時に起こりうるので、$3 \times 7 = 21$ 通り。

(5) 人間のグループを用いた順列・組合せの問題です。この問題は玉の問題とよく似ています。ただし、「A くん、B くん、C さん」のように各人に名前を付けることが多いため、数字の付いた玉の問題と同様に考えます。並べ方を問われるケースが多く、交互に並べる、あるいは両端の人を固定するなどの条件がよく付けられます。なお、特殊なケースとして、ものを円形に並べる方法が何通りあるかが問われることもありますが、データサイエンスではあまりそのような並べ方はしないので、本書でも扱いません。

（a）両端を女性に固定すると、その並び方は $_3P_2 = 6$ 通り。そして、真ん中の 5 人は男女関係なしに並ぶので $_5P_5 = 120$ 通り。よって $6 \times 120 = 720$ 通り。

（b）男女が交互ということは、女性が男性に挟まれる場合しかない。そうすると、女性が男性の間に入る並び方は $_3P_3 = 6$ 通り。また、その間に男性が入る並び方は $_4P_4 = 24$ 通り。よって $6 \times 24 = 144$ 通り。

練習問題 5-5

(1)（a）3 以下の目は 1,2,3 なので $3/12 = 1/4$。

（b）6 の約数は 1,2,3,6 なので $4/12 = 1/3$。

(2)（a）全事象は $_4P_2 = 12$、奇数は 6 通りなので $6/12 = 1/2$。

（b）4 の倍数は 12, 24, 32 なので $3/12 = 1/4$。

(3)（a）全事象は $_5C_2 = 10$、赤玉が 1 個、青玉が 1 個取り出されるのは $_2C_1 \times _3C_1 = 6$ 通りなので $6/10 = 3/5$。

（b）赤玉が 2 個取り出されるのは $_2C_2 = 1$ 通りなので $1/10$。（a）の場合を足して $7/10$。

(4)（a）全事象は $_5P_2 = 20$、B が副議長になるとき、ほかの 4 人の誰かが議長になるので $4/20 = 1/5$。

（b）C が議長になるは $1/5$ で、C が副議長になるのは $1/5$。これらの余事象を考えればよいので $1 - 2/5 = 3/5$。

練習問題 5-6

(1) 出た目の和が5になるのは$\{1, 4\}$, $\{4, 1\}$, $\{2, 3\}$, $\{3, 2\}$。出た目の和が10になるのは$\{4, 6\}$, $\{6, 4\}$, $\{5, 5\}$。全事象は$6 \times 6 = 36$で、5と10は同時に発生しないので$4/36 + 3/36 = 7/36$(区別がつかない2個のサイコロになると答えが異なることに注意)。

(2) 2個とも赤玉になるのは${}_3C_2/{}_5C_2 = 3/10$。2個とも白玉になるのは${}_2C_2/{}_5C_2 = 1/10$。両者は同時に発生しないので$3/10 + 1/10 = 2/5$。

(3) 3で割れるものは$33/100$、5で割れるものは$20/100$。ただし、15で割れるもの$6/100$が重複している。よって$33/100 + 20/100 - 6/100 = 47/100$。

(4) 「少なくとも1枚」なので1枚以上表が出る確率を求めればよい。1枚出るのは${}_3C_1 = 3$通り、2枚出るのは${}_3C_2 = 3$通り、3枚出るのは${}_3C_3 = 1$通り。硬貨が表になる確率は$1/2$で、それぞれのケースは同時に発生しないので$3 \times (1/2)^3 + 3 \times (1/2)^3 + 1 \times (1/2)^3 = 7/8$(余事象を使えばより簡単に解ける)。

(5) それぞれの機械が良品を製造する確率は独立であり、不良品が出る確率は$1 -$(良品の確率)で求めることができる。二つが良品で、残り一つが不良品になるケースは以下の3通り。

(ⅰ) Aが不良品でB, Cは良品を製造 $= (1 - 2/3) \times 3/4 \times 4/5 = 1/5$

(ⅱ) Bが不良品でA, Cは良品を製造 $= 2/3 \times (1 - 3/4) \times 4/5 = 2/15$

(ⅲ) Cが不良品でA, Bは良品を製造 $= 2/3 \times 3/4 \times (1 - 4/5) = 1/10$

それぞれの事象は排反であるため、求める確率は$1/5 + 2/15 + 1/10 = 13/30$となる。

練習問題 5-7

(1) 「少なくとも」と問われたら余事象で考える。この問題では、6の目がまったく出ない確率、すなわち三つのサイコロの目が1～5になる確率を求める。サイコロの目が1～5になるのは確率は$5/6$、サイコロは三つあり、それぞれの事象は独立なので$(5/6)^3$である。よって求める確率は$1 - (5/6)^3 = 91/216$となる。

(2) ハートは13枚、2人の事象は独立なので、(Aさんがハートを引く確率$13/52$)×(Bさんがハートを引く確率$12/51$) $= 1/17$。組合せの問題と考えて、(ハート13枚から2枚引く)/(全体から2枚引く) $= {}_{13}C_2/{}_{52}C_2 = 1/17$としてもよい。

(3) Aから赤を1個取り出すのは${}_3C_1/{}_5C_1 = 3/5$、Bから赤を2個取り出すのは${}_2C_2/{}_6C_2 = 1/15$。二つの事象は独立なので$3/5 \times 1/15 = 1/25$。

(4) (a) コインが2枚とも裏の確率は$1/4$、サイコロの目が奇数の確率は$1/2$。両者二つの事象は独立なので、$1/4 \times 1/2 = 1/8$。

(b) コインのどちらかが表になる確率は$3/4$、サイコロの目が3以上である確率は

2/3。両者二つの事象は独立なので、$3/4 \times 2/3 = 1/2$。

(5) (a) それぞれの事象は独立なので $4/5 \times 2/3 \times 1/2 = 4/15$。

(b) 余事象（3人とも不合格）を考えると $1/5 \times 1/3 \times 1/2 = 1/30$。よって $1 - 1/30 = 29/30$。

練習問題 5-8

(1) 出た目が偶数 (2, 4, 6) である事象を A とすると $P(A) = 1/2$。出た目が4以上 (4, 5, 6) である事象を B とすると $P(B) = 1/2$。$A \cap B$ は 4, 6 なので $P(A \cap B) = 1/3$ となり、$P(B|A) = P(A \cap B)/P(A) = (1/3)/(1/2) = 2/3$。

(2) 1個目が赤玉である事象を A とすると $P(A) = {}_5C_1/{}_8C_1 = 5/8$。1個目が赤で2個目も赤である事象を $A \cap B$ とすると $P(A \cap B) = {}_5C_2/{}_8C_2 = 5/14$。よって $P(B|A) = P(A \cap B)/P(A) = (5/14)/(5/8) = 4/7$。

(3) 少なくとも1人が男の子である事象を A とすると $P(A) = 1 -$ （女の子が生まれる確率）$\times$（女の子が生まれる確率）$= 1 - 1/2 \times 1/2 = 3/4$。2人とも男の子である事象を $A \cap B$ とすると $P(A \cap B) = 1/2 \times 1/2 = 1/4$。よって $P(B|A) = P(A \cap B)/P(A) = (1/4)/(3/4) = 1/3$。

(4) Aさんが陽性と判定された事象を A とすると $P(A) =$ （疫病の確率）$\times$（検査が正しい確率）$+$（健康な確率）$\times$（検査をミスする確率）$= (1/100000 \times 0.99) + (99999/100000 \times 0.01)$。Aさんが陽性と判定され、かつ疫病だった事象を $A \cap B$ とすると （疫病の確率）$\times$（検査が正しい確率）$= \{1/100000 = (1 - 0.01)\}$。よって $P(B|A) = P(A \cap B)/P(A) = 0.001$。

練習問題 6-1

選手名	名義尺度	体重	比例尺度
チーム	名義尺度	血液型	名義尺度
年齢	比例尺度	守備	名義尺度
生年月日	間隔尺度	投打	名義尺度
年数	比例尺度	出身地	名義尺度
身長	比例尺度	年俸（推定）	比例尺度

練習問題 6-2

省略

練習問題 6-3

省略

練習問題 6-4

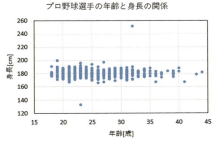
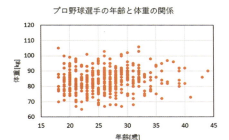

最小値と最大値をカバーしつつ、なるべく分布がわかりやすいように範囲を設定する。

練習問題 6-5

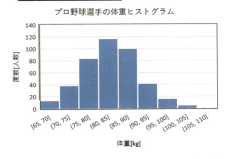
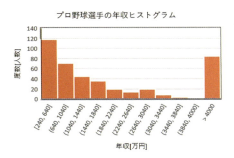

理想的な区分数は10であるが、必ずしも10である必要はない。9〜11の間でわかりやすいグラフを作成する。

練習問題 7-1

通常は Google Drive にある。

練習問題　7-2

(1)
```
print(5*(-4+2)/2)
```
-5.0

(2)
```
print((3+2)%3)
```
2

(3)
```
print(2**12)
```
4096

練習問題　7-3

(1) 小数を入力すると答えも小数表記になる。

```
print(2*3)
print(2.0*3)
```
6
6.0

(2) 0.1は2進数で表すと無限小数である。

```
print(0.1+0.1)
print(0.1+0.1+0.1)
```
0.2
0.30000000000000004

(3) 丸める場所の違いに注意。

```
print(int(7.2)*6)
print(int(7.2*6))
```
42
43

(4) 2進数表現の丸め誤差による影響が出る。

```
print((10/100)*(100/10))
print((19/155)*(155/19))
```
1.0
0.9999999999999999

練習問題　7-4

プログラムは左図のようになる。

```
A=6
B=7
ALL=60
Ans=int(60/(A+B))+1
print(Ans)
```
5

```
A=6
B=7
ALL=60
Ans=60//(A+B)+1
print(Ans)
```
5

AさんとBさんの相対速度は $6 + 7 = 13$ m/s であり、全周 60 m に対して整数の最小公約数はもたない。問題では秒数を求められているため、60 を 13 で割った値（4.61538…秒数）に 1 を足した数が答えになる。なお、int の代わりに、右図のように演算子 // （割り算の整数部）を使用する方法もある。

144　解答例

練習問題　7-5

右図。リンゴの個数を 4、桃の個数を 4 と
するとちょうど 1000 円となる。

```
ap_p = 100
ap_n = 4
pe_p = 150
pe_n = 4
money = 1000

charge = money - (ap_p*ap_n + pe_p*pe_n)

if charge < 0:
  print('You can not buy.')
if charge == 0:
  print('Just on charge.')

print('Program End.')
```

```
Just on charge.
Program End.
```

練習問題　7-6

目標とする出力を得るためには、掛けられ
る数を 1, 3, 5 の順で出力する必要がある
ため、range 関数の start を 1、stop を
6、step を 2 とする。また、掛ける数は
1, 2, 3 なので、range 関数の start を 1、
stop を 4、step は記載しない。したがっ
て、プログラムは右図のようになる。

```
for num1 in range(1, 6, 2):
  for num2 in range(1, 4):
    print(num1, 'X', num2, '=', num1*num2)
```

```
1 X 1 = 1
1 X 2 = 2
1 X 3 = 3
3 X 1 = 3
3 X 2 = 6
3 X 3 = 9
5 X 1 = 5
5 X 2 = 10
5 X 3 = 15
```

練習問題　7-7

たとえばリンゴ、桃ともに 100 円であったとき、リンゴ、桃がそれぞれ 5 個ずつ買えると
いう答えが出力される。しかしながら、答えとなるリンゴと桃の組み合わせは複数あるは
ずだが、このプログラムでは一つの解しか出力しない。これを解決するためには、すべて
の個数の計算を行い、最もおつりが少ないものをすべて表示するように書き換えなければ
ならない。

練習問題　8-1

Python のバージョンを調べるためには、以下のように sys ライブラリを用いる必要があ
る。sys ライブラリは、実行する環境などの情報を扱うことができる。バージョンの取得
には sys ライブラリの sys.version 関数を用いる。

解答例　　145

```
import numpy as np
import pandas as pd
import sys

print('NumPy = ', np.__version__)
print('Pandas = ', pd.__version__)
print('Python = ', sys.version)
```

```
NumPy =  1.26.4
Pandas =  2.1.4
Python =  3.10.12 (main, Jul 29 2024, 16:56:48) [GCC 11.4.0]
```

練習問題 8-2

体重は5列目にあるので、以下のように data.value[:, 4] で抽出可能である。身長
と同じく、421個のデータが存在している。

```
import numpy as np
import pandas as pd

url = 'https://github.com/DsTMCIT/DS/raw/refs/heads/main/baseball.csv'
data = pd.read_csv(url, encoding='ms932', sep=',')
print('Data dimension =', data.shape)

height = data.values[:,3]
print('Data dimension =', height.shape)
print(height)

weight = data.values[:,4]
print('Data dimension =', weight.shape)
print(weight)
```

```
Data dimension = (421, 9)
Data dimension = (421,)
[178 178 182 179 191 179 178 176 180 178 178 200 190 184 185 188 171 183
 200 185 177 177 182 175 175 185 178 177 173 186 174 178 184 188 183 182
 172 185 178 185 178 175 177 182 184 177 184 187 184 184 176 186 180 182
                    ⋮
 181 175 188 183 167 179 182]
Data dimension = (421,)
[88 70 86 77 105 80 78 88 78 75 78 95 92 95 85 88 71 86 100 92 81 84 80 74
 78 83 77 84 78 86 74 79 86 95 91 94 81 93 77 84 81 78 89 87 78 77 82 88
 75 77 86 86 87 99 83 85 76 84 81 98 93 71 80 80 79 78 82 98 85 84 91 80
                    ⋮
 83 97 96 92 90 82 84 80 92 82 73 86 90]
```

練習問題 8-3

以下のように、身長の基本統計量を求める式を利用すればよい。対象とするデータを入れ
替えるだけで、簡単に計算を行えるのがプログラミングの利点である。

```
import numpy as np
import pandas as pd

url = 'https://github.com/DsTMCIT/DS/raw/refs/heads/main/baseball.csv'
```

```python
data = pd.read_csv(url, encoding='ms932', sep=',')
print('Data dimension =', data.shape)

weight = data.values[:,4]

print('Max =', np.max(weight))
print('Min =', np.min(weight))
print('Average =', np.mean(weight))
print('Variance =', np.var(weight,ddof=0))
print('Standard division =', np.std(weight,ddof=0))
```

```
Data dimension = (421, 9)
Max = 106
Min = 65
Average = 84.0190023752969
Variance = 52.57921135628888
Standard division = 7.251152415739782
```

練習問題 8-4

グラフ作成にはいろいろな工夫を施すことができる。以下では身長を青丸、体重を赤丸としている。両者の最小値・最大値を考慮して縦軸の目盛を設定することで、一つのグラフに複数の情報を表示することが可能である。

```python
import numpy as np
import pandas as pd
import matplotlib.pyplot as plt

url = 'https://github.com/DsTMCIT/DS/raw/refs/heads/main/baseball.csv'
data = pd.read_csv(url, encoding='ms932', sep=',')
all = data.values
age = all[:,1]
height = all[:,3]
weight = all[:,4]


plt.scatter(age, height, label='height', color='red')
plt.scatter(age, weight, label='weight', color='blue')
plt.xlabel('age')
plt.ylabel('weight[kg], height[cm]')
plt.show()
```

練習問題 8-5

スタージェスの公式から階級数は 10 がよいと求まるため、`plt.hist` の階級数は 10 とする。しかし、`plt.hist` は与えられたすべてのデータで作図してしまう。ここでは、252（最大値）－ 133（最小値）＝ 119 cm の幅を 10 分割した結果を表示することになる。一方、図 6.27 では 200（最大値）－ 160（最小値）＝ 40 cm の幅を 10 分割している。したがって同様のグラフを作るためには、以下のように、`plt.hist` を 119/40 × 10 ＝ 30 分割に設定する必要がある。アプリケーションによるヒストグラムの設定の違いをしっかり理解することが重要である。

```python
import numpy as np
import pandas as pd
import matplotlib.pyplot as plt

url = 'https://github.com/DsTMCIT/DS/raw/refs/heads/main/baseball.csv'
data = pd.read_csv(url, encoding='ms932', sep=',')
all = data.values
height = all[:,3]
weight = all[:,4]

plt.hist(height, 30)
plt.xlim(160, 200);
plt.xlabel('height[cm]')
plt.ylabel('count')
plt.show()
```

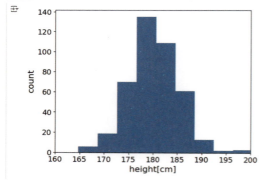

練習問題 9-1

NumPy では第 1、第 2、第 3 四分位数を 113〜114 ページの One Point で述べたように計算するため、以下のような答えとなる。

(1)  (2)

練習問題 9-2

plt.box() に複数の変数を与えることで、以下のように比較可能な箱ひげ図を作ることができる。この結果から、身長データに大きな外れ値が存在していることがわかる。

```
import numpy as np
import pandas as pd
import matplotlib.pyplot as plt

url = 'https://github.com/DsTMCIT/DS/raw/refs/heads/main/baseball.csv'
data = pd.read_csv(url, encoding='ms932', sep=',')
all = data.values
height = all[:,3]
weight = all[:,4]

qh25, qh50, qh75 = np.percentile(height, [25, 50, 75])
qw25, qw50, qw75 = np.percentile(weight, [25, 50, 75])

plt.boxplot([height, weight])
labels = ['height', 'weight']
plt.xlabel(labels)
plt.ylabel('[kg, cm]')
plt.show()
```

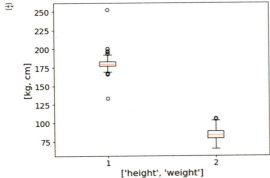

練習問題 9-3

この問題では平均値と 3σ を先に求め、平均値-3σ値≦データ≦平均値$+3\sigma$値のデータを有効としている。四分位数の結果と比較すると、極端な外れ値以外は除去されていな

いことがわかる。どちらの方法が適しているかはデータ次第であるため、可視化して判断
していく習慣をつけるべきである。

```python
import numpy as np
import pandas as pd
import matplotlib.pyplot as plt

url = 'https://github.com/DsTMCIT/DS/raw/refs/heads/main/baseball.csv'
data = pd.read_csv(url, encoding='ms932', sep=',')
all = data.values
height = all[:,3]
weight = all[:,4]

sigma_h = np.std(height)*3
ave_h = np.mean(height)
sigma_w = np.std(weight)*3
ave_w = np.mean(weight)

r_all=np.array(all)[(data.values[:,3] <= ave_h+sigma_h)
  & (data.values[:,3] >= ave_h-sigma_h)
  & (data.values[:,4] <= ave_w+sigma_w)
  & (data.values[:,4] >= ave_w-sigma_w)]

r_height = r_all[:, 3]
r_weight = r_all[:, 4]

plt.scatter(height, weight, c='blue')
plt.scatter(r_height, r_weight, s=100, c='red', alpha=0.5)
plt.xlabel('height[cm]')
plt.ylabel('weight[kg]')
plt.show()
```

練習問題 9-4

(1) プログラムを実行すると、以下のように全要素ごとの相関係数が一度に計算・表示できる。この一覧から特徴的なデータを分析していくのが効率的である。結果から、年齢（age）と年数（year）に高い相関が見られる。また、年齢（age）と身長（height）にはほとんど相関がないことがわかる。

	team	age	year	height	weight	blood	sakary	Unnamed: 7
team	1.0	-0.004	-0.02	0.08	-0.043	-0.015	0.015	0.027
age	-0.004	1.0	0.869	0.001	0.138	-0.002	0.14	0.415
year	-0.02	0.869	1.0	0.041	0.187	0.016	0.164	0.405
height	0.08	0.001	0.041	1.0	0.532	0.039	-0.17	0.006
weight	-0.043	0.138	0.187	0.532	1.0	0.024	-0.124	0.076
blood	-0.015	-0.002	0.016	0.039	0.024	1.0	-0.033	-0.014
sakary	0.015	0.14	0.164	-0.17	-0.124	-0.033	1.0	0.126
Unnamed: 7	0.027	0.415	0.405	0.006	0.076	-0.014	0.126	1.0

最も相関が高い　　最も相関が低い

(2) 相関が最も高い場合と相関が最も低い場合をプロットした。ただし、年齢と年数はほぼ同一のことを意味するので、比較対象としては不適切である。また、年齢と身長の散布図は散らばりが大きく、関係性を見いだすことができない。

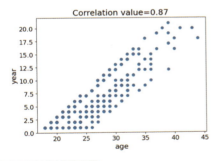
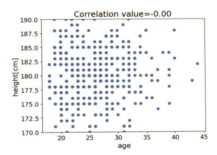

練習問題 9-5

年齢は [:, 1]、年俸は [:, 7] で取得できる。年俸は、いままでのデータに比べてばらつきが大きく、また極端な外れ値が存在していることがわかる。回帰直線は正確に生成されているが、できれば外れ値を除去した後の値で再度評価をしたほうがよい。

```
import numpy as np
import pandas as pd
import matplotlib.pyplot as plt

url = 'https://github.com/DsTMCIT/DS/raw/refs/heads/main/baseball.csv'
data = pd.read_csv(url, encoding='ms932', sep=',')
```

```python
all = data.values
age = all[:,1]
salary = all[:,7]

corr = np.corrcoef(age.astype(float), salary.astype(float))[1,0]
fit = np.polyfit(age.astype(float), salary.astype(float), 1)

func = np.poly1d(fit)
xp = np.linspace(np.max(age), np.min(age), 100)
yp = func(xp)

plt.scatter(age, salary)
plt.plot(xp, yp, '-r')
plt.title('Correlation value={:.2f}'.format(corr))
plt.xlabel('age')
plt.ylabel('salary[man-yen]')
plt.show()
```

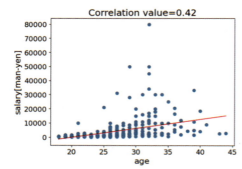

••• 索引 •••

数
2 段階認証 ···················· 21
3σ 値 ························· 110

英
AI 活用 7 原則 ················ 11
AI 倫理 ······················ 10
CSV ························· 72
ELSI ························· 12
EU 一般データ保護規則 ······ 11
IoT ··························· 2
matplotlib ·················· 100
NumPy ····················· 100
pandas ····················· 100
Society 5.0 ··················· 2
SSL ························· 25
VPN ························· 21

あ
アカウンタビリティ ··········· 15
アクティブラーニング ········ 131
暗号化 ······················ 22
安全性 ······················ 20
打ち切り誤差 ················· 87
オブジェクト指向言語 ········ 82
オプトアウト ················· 12
オプトイン ··················· 11

か
回帰代入法 ··················· 71
回帰直線 ···················· 123
階級 ························· 32
階級数 ······················ 39
階級値 ······················ 34
返り値 ······················ 90
確率 ························· 47
カプセル化 ··················· 22
加法定理 ····················· 50
仮名加工情報 ················· 25
可用性 ······················ 21
関数 ························· 89
完全性 ······················ 20
機械学習 ······················ 5
記述統計 ····················· 31
機密性 ······················ 20
キャスト演算子 ··············· 87
行インデックス ·············· 103
均等抽出 ····················· 41
組合せ ······················ 45
繰り返し処理 ················· 96
クロス集計表 ················· 26

欠損データ ··················· 66
権利侵害 ······················ 8
公開鍵暗号化システム ········ 24
混同行列 ···················· 131

さ
再現率 ······················ 27
最小二乗誤差 ················ 126
最小値 ······················ 32
最大値 ······················ 32
最頻値 ······················ 32
散布度 ······················ 31
試行 ························· 43
事象 ························· 43
実数型 ······················ 87
四分位数 ···················· 110
四分位範囲 ·················· 114
樹形図 ······················ 55
順列 ························· 44
条件式 ······················ 91
条件付き確率 ················· 57
条件分岐 ····················· 91
情報操作 ······················ 8
乗法定理 ····················· 53
情報漏えい ···················· 8
人工知能 ······················ 4
深層学習 ······················ 6
推測統計 ····················· 31
スタージェスの公式 ··········· 39
正規化 ······················ 71
制御文 ······················ 91
整数型 ······················ 87
生成 AI ························ 7
尖度 ························· 35
相関係数 ···················· 119

た
対応表 ······················ 56
代表値 ······················ 31
ダミー変数 ··················· 70
中央値 ······················ 32
ディープフェイク ············· 10
適合率 ······················ 27
データサイエンス ·············· 3
データサイエンティスト
 ·························· 127
データの範囲 ················· 39
データポータビリティ ········ 12

データ倫理 ··················· 10
同時確率 ····················· 58
透明性 ······················ 15
匿名加工情報 ················· 23
独立 ························· 52
度数 ························· 32
度数分布表 ··················· 32
トンネリング ················· 22

な
ニューラルネットワーク ········ 5
認証 ························· 22

は
場合の数 ····················· 43
排反 ························· 50
外れ値 ····················· 110
比較演算子 ··················· 92
引数 ························· 90
ヒストグラム ················· 32
ビッグデータ ··················· 2
秘匿化 ······················ 23
標準化 ······················ 71
標準偏差 ····················· 34
標本 ························· 40
不偏分散 ···················· 105
フローチャート ··············· 92
ブロックチェーン ············· 25
分散 ························· 34
平均値 ······················ 32
平均値代入法 ················· 71
ベイズの定理 ················· 60
変数 ························· 89
母集団 ······················ 40
ホットデック法 ··············· 71

ま
丸め誤差 ····················· 87
見える化 ····················· 37
無作為抽出 ··················· 41

や
余事象 ······················ 48
ライブラリ ··················· 82
利便性 ······················ 20
累積相対度数分布 ············· 37
累積度数分布 ················· 36
列インデックス ·············· 103

わ
歪度 ························· 35
忘れられる権利 ··············· 12

153

著者略歴

山本昇志（やまもと・しょうじ）
2007 年　千葉大学大学院融合科学研究科情報工学専攻課程修了、博士（工学）
現　在　東京都立産業技術高等専門学校ものづくり工学科情報通信工学コース教授
専門は、画像処理や機械学習を用いた知的情報処理に関する研究。

下川原英理（しもかわら・えり）
2007 年　東京都立科学技術大学大学院システム基礎工学専攻課程修了、博士（工学）
現　在　東京都立大学大学院システムデザイン研究科情報科学域准教授
専門は、人工知能や IoT を利用したヒューマンロボットインタラクションに関する研究。

齋藤純一（さいとう・じゅんいち）
1999 年　千葉大学大学院自然科学研究科単位取得退学、博士（理学）
現　在　東京都立産業技術高等専門学校ものづくり工学科一般科目教授
専門は、数学・応用数学、数学教育、教育工学に関する研究。

真志取秀人（ましどり・ひでと）
2006 年　九州工業大学大学院工学研究科機械知能工学専攻課程修了、博士（工学）
現　在　東京都立産業技術高等専門学校ものづくり工学科航空宇宙工学コース准教授
専門は、流体力学・エネルギー工学を応用した都市部風力発電に関する研究。

データサイエンス実践テキスト

2024 年 11 月 29 日　第 1 版第 1 刷発行

著者　　　山本昇志、下川原英理、齋藤純一、真志取秀人

編集担当　福島崇史・菅野蓮華（森北出版）
編集責任　上村紗帆（森北出版）
組版　　　ビーエイト
印刷　　　丸井工文社
製本　　　同

発行者　森北博巳
発行所　森北出版株式会社
　　　　〒 102-0071　東京都千代田区富士見 1-4-11
　　　　03-3265-8342（営業・宣伝マネジメント部）
　　　　https://www.morikita.co.jp/

©Shoji Yamamoto, Eri Shimokawara, Junichi Saito, Hideto Mashidori, 2024
Printed in Japan
ISBN 978-4-627-85811-4